长宁页岩气钻井井漏防治关键技术及典型案例

范　宇　等编著

石油工业出版社

内 容 提 要

本书依据地球物理、钻探、测录井等多维数据，系统分析了长宁页岩气田漏失特征、漏失机理及堵漏效果，开展了三压力三维评价、钻井液密度窗口优化，建立了智能化井漏防治大数据库。结合长宁地质工程特征，借助自主研发改进的堵漏评价方法和装置对现场堵漏材料和配方，以及桥塞堵漏、快速滤失堵漏、凝胶堵漏技术进行了适应性评价和优化，以此为基础制定了长宁页岩气田标准化堵漏作业流程和技术要点，并对典型防漏、堵漏案例进行了详细分析。

本书可以作为研究井漏问题的参考用书，也可供从事石油工程材料力学、岩石力学、储层地质力学相关研究工作的技术人员和研究人员使用。

图书在版编目（CIP）数据

长宁页岩气钻井井漏防治关键技术及典型案例/范宇等编著.
—北京：石油工业出版社，2024.6
ISBN 978-7-5183-5821-2

Ⅰ.①长… Ⅱ.①范… Ⅲ.①油页岩－油气井－井漏
－防治－案例－长宁区 Ⅳ.① TE37

中国版本图书馆 CIP 数据核字（2022）第 256250 号

出版发行：石油工业出版社
（北京安定门外安华里 2 区 1 号　　100011）
网　　址：www.petropub.com
编辑部：（010）64523604
图书营销中心：（010）64523633
经　　销：全国新华书店
印　　刷：北京中石油彩色印刷有限责任公司

2024 年 6 月第 1 版　2024 年 6 月第 1 次印刷
787×1092 毫米　开本：1/16　印张：12.5
字数：300 千字

定价：100.00 元
（如出现印装质量问题，我社图书营销中心负责调换）

《长宁页岩气钻井井漏防治关键技术及典型案例》
—— 编 委 会 ——

主　编：范　宇

编　委：曾　波　李文哲　桑　宇　高德伟　郑　健

陈　烨　周井红　曾　光　杨　建　王学强

代　锋　马　勇　吴鹏程　王旭东　汪　瑶

刘旭宁　杨恒林　吴春林　张志成　钟成旭

付　利　杨　扬　曾　嵘　郝惠军　马骋宇

刘厚彬　李郑涛　范翔宇　傅　栋　张千贵

张　震　钱佃存　万秀梅　李颖颖　黄　琦

雷正义　刘应民　谢佳君　叶小科　王　元

王志强　章尔罡　王启任　何海康　吴申尧

许明标　苏俊霖　胡大鹏　田中文

前 言

PREFACE

页岩气等非常规油气资源已成为我国油气勘探开发的重点方向，四川长宁页岩气区块作为勘探开发工程的重点对象之一，其基底断裂带分布较广、全井眼地层存在多个易漏层位，导致在钻井过程中漏失情况频发。上部井段的中大型漏失处理及产层井段的小微型漏失体现出堵漏成功率低、易复漏等特点。钻井工程中处理井漏会耗费大量的钻井时间，浪费大量的钻井液，而且严重的井漏还可能引起卡钻、井喷、井塌、储层伤害等一系列复杂情况，甚至导致井眼报废，造成重大经济损失，为油气资源的勘探开发带来极大困难。为了确保页岩气资源被合理科学地勘探开发和使用，确保钻井工程的顺利进行，就需要合理地运用相应的防漏堵漏工艺，减少因井漏带来的经济损失和相应的风险。

井漏是主观因素、客观因素共同作用的结果。地层孔隙、裂缝的客观存在是井漏的前提条件，而施工中钻井液密度过大或采取的一些施工措施不适应于实际条件时，则会诱发井漏或加剧井漏程度。从防漏的角度来说要求钻井液有合理的密度和性能，要求施工中减少产生激动压力的不当措施，根据井漏预测实施随钻封堵及承压技术措施。从堵漏的角度来说，要根据漏失程度和地层特点来采用合理的堵漏方案，以达到预期目的。

钻井防漏堵漏技术的研究与应用一直是摆在国内外钻井工程界面前的一项重要课题。近年来，各单位开展了大量的以防漏堵漏为重点的研究工作，取得了不错的技术与应用成果。本书编者根据四川长宁区块防漏堵漏技术研究成果和现场施工应用案例资料，并广泛收集了国内外防漏堵漏技术与机理文献资料，理论联系实际，阐述了长宁页岩气井井漏的特征、机理、防治技术，三压力三维评价技术，现场常用的防漏堵漏材料，防漏堵漏技术体系的评价优选与配方优化，长宁页岩气区块钻井防漏堵漏工艺技术，切实反映了长宁区块现场防漏堵漏技术的研究进展与成果。

本书共七章，其内容主要包括长宁页岩气钻井井漏概况、长宁页岩气井漏机理分析与堵漏技术现状、三压力三维评价技术、堵漏技术评价与优化、防漏堵漏工艺技术、典型防漏堵漏案例等。编写此书，旨在给从事石油专业相关工作人员特别是在长宁页岩气地区的钻探人员以技术参考和启迪，并促进长宁页岩气区块防漏堵漏技术的进一步研究和发展。

鉴于编者水平有限，书中疏漏和不当之处在所难免，敬请广大读者批评指正。

目 录

CONTENTS

第一章 绪 论

随着我国经济持续快速发展，能源需求持续保持在较高水平，自 2018 年起油气对外依存度连续 5 年超过 40%，供需矛盾已经严重影响到我国的能源安全和经济社会发展。我国页岩气资源丰富，川渝地区优质页岩气储量丰富，"十三五"以来，各区域页岩气勘探开发力度不断增大，以长宁、威远等为代表的川南页岩气示范区块成为川渝主力产区，页岩气钻井技术取得跨越式发展。但长宁区块由于地质条件复杂、裂缝溶洞异常发育等原因，实钻过程中井漏复杂频繁，严重制约了钻井工程的提速提效。

第一节 长宁页岩气钻井井漏现状

川南页岩气钻井作业区主要分布在威远、长宁、泸州等地，地表出露层位于侏罗系凉高山组—三叠系须家河组，属于典型的喀斯特地貌。根据电磁法岩溶勘查结果，裂缝溶洞分布范围广，在须家河组、雷口坡组、嘉陵江组、茅口组均有分布。在钻井施工过程中，受缝洞发育影响，常钻遇恶性井漏，漏失层从地表至目的层均有分布，加之钻探区域存在地下暗河并与饮用水源连通，开发环境极其敏感，极易发生环境污染事故。

长宁页岩气区块井漏发生频率高，漏失层位多，从地表至目的层龙马溪组均有漏失层，纵向上呈现明显的"三段式"特征。

浅表漏失层以雷口坡组、嘉陵江组为主，漏失通道多为水蚀风化作用形成的溶蚀缝洞，大小不均且分布无规律，既有放空性的大裂缝、大溶洞，又有漏水不漏砂的微裂缝，整体漏失量大，漏失过程常伴有地层垮塌、出水等复杂，处理难度大，损失时间长。部分井区漏失裂缝与地表窜通，且存在推覆体和流沙层。使用水泥堵漏一次成功率低，反复堵漏过程中容易产生环保事故。

中部井段主要漏失层为飞仙关组、茅口组和栖霞组。其中茅口组、栖霞组属碳酸盐岩地层，多发育断层或纵向裂缝。失返性漏失占比高，漏失量大，堵漏效率低。部分层段存在高压气层或煤层，致使中部井段易出现漏塌同存、漏溢同存等矛盾性复杂情况。

下部页岩段层理发育、褶皱断层多，并存高角度裂缝，易发生恶性漏失。钻进过程中气测显示频繁，加之微裂缝扩展压力限制，钻井液安全密度窗口窄，井底压力控制要求高，井控和防漏矛盾突出。

长宁页岩气区块整体地质条件复杂，纵向上各层段均有裂缝溶洞发育，横向上裂缝间连通性良好，裂缝开启压力低，整体钻井漏失情况复杂。漏失类型多以裂缝性漏失为主，具有漏失量大、堵漏成功率低、漏失处理周期长的特点。漏失过程中气侵、垮塌等风险并存，井控难度大。

　　长宁页岩气区块在钻井过程中钻遇了各类复杂漏失情况，上部地层的恶性漏失、三开井段的承压漏失，以及产层井段的诱导裂缝型漏失均给现场钻井施工造成了严重的损失。

　　长宁区块复杂井分布受断层控制明显，断层控制带内地质条件、地应力和三压力复杂，地质原因造成的复杂事故占复杂井总损失时间74%，复杂井损失时间多发生在三开龙马溪组。长宁区块大坝东区复杂井数量及损失时间远高于其他区域。

　　长宁区块漏失主要集中在 N20A 井区、N20B 井区和 N21C 井区。井漏主要发生在嘉陵江组、茅口组、韩家店组和龙马溪组等地层。在茅口组和韩家店组使用的水基钻井液，漏失严重；在龙马溪组使用的油基钻井液，漏失量大且处理时间长。

　　2020 年与 2021 年钻井液漏失情况与损失时间情况如图 1-1 至图 1-3 所示。

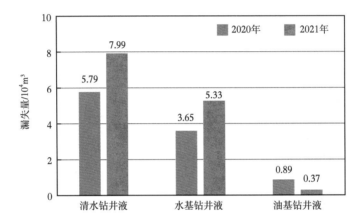

图 1-1　长宁页岩气井钻井液 2020 年与 2021 年总漏失量

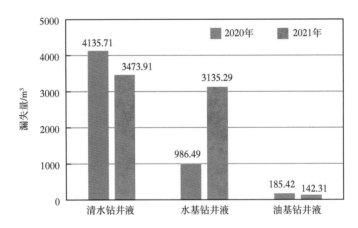

图 1-2　长宁页岩气井钻井液 2020 年与 2021 年平均单井漏失量

　　2021 年相比 2020 年水基钻井液平均单井漏失量增加 2148.8m³（217%）、平均单井损失时间增加 2.64d（27.3%），油基钻井液平均单井漏失量降低 43.11m³（23.2%）、平均单井损失时间降低 5.54d（65.7%）。2021 年与 2022 年单井二开、三开钻井液漏失情况与损失时间情况分别如图 1-4 和图 1-5 所示。

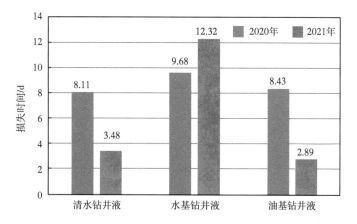

图 1-3　长宁页岩气 2020 年与 2021 年平均单井损失时间

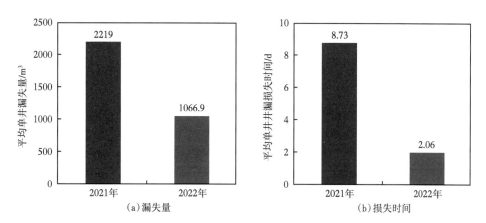

图 1-4　长宁区块 311.2mm 井眼钻井液漏失情况与损失时间对比图

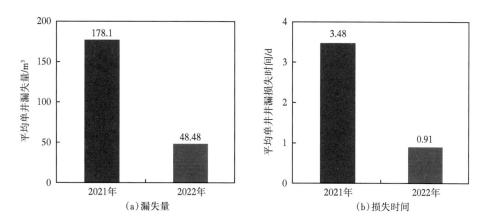

图 1-5　长宁区块 215.9mm 井眼钻井液漏失情况与损失时间对比图

　　2022 年，通过实际测量地层压力系数优化钻井液密度，开展微裂缝预测制定针对性井漏防控措施，在合适的井段推广"控压钻井"技术实现降密度钻进预防井漏。开关旁通阀实现不起钻堵漏，加快井漏处置进度，降低漏喷转换风险，旁通阀开关成功率 100%。

整个井眼井漏损失大幅降低。311.2mm 井眼平均单井漏失量 1066.9m³，平均单井井漏损失时间 2.06d，分别较 2021 年下降 51.9% 和 76.4%。215.9mm 井眼平均单井漏失量 48.48m³，平均单井井漏损失时间 0.91d，分别较 2021 年下降 72.8% 和 73.9%。

第二节　国内外钻井井漏防治技术现状

一、国外技术现状

国外对钻井过程中的漏失原因及漏失规律做了大量的研究，堵漏材料的研究起步较早，产品较多，不仅开发了大量的常规堵漏剂，而且还有许多新型堵漏剂[1]。堵漏材料逐渐形成了系列化。

近年来，国外又开发了各具特色的热溶橡胶堵漏剂、膨胀团粒堵漏剂、剪切稠化堵漏剂、封包石灰堵漏剂、吸油固体材料堵漏剂、封包烯烃堵漏剂、吸水聚合物堵漏剂等堵漏材料[2-3]。这些堵漏材料的应用，有效地解决了渗透性及微裂缝地层的漏失问题。但对于天然裂缝、孔洞或洞穴地层的严重漏失的处理比较困难，用于处理严重漏失的堵漏材料不多，对于常用的液体硅酸钠、珍珠岩水泥、柴油膨润土水泥、快凝水泥等材料[4-5]，应根据漏失地层的具体情况确定堵漏材料的单独使用或配合使用。

有一种桥接堵漏技术以 C-SEAL 系列颗粒复合堵漏剂、MAX-BRIDGE 材料等作为桥堵材料，其作用原理包括挂阻架桥、堵塞和嵌入、渗滤、拉筋、膨胀堵塞、卡喉等作用。在英国布伦特油田研制出了一种由涂有表面活性剂和分散剂的玻璃丝纤维组成的新型改性纤维材料，能抗 232℃ 高温，解决了该地区的井漏问题。

国外控制碎屑岩和碳酸盐岩的漏失方面，从 1961 年 Carl Gatlin 引入了封堵层最大密度理论开始，到 1998 年 Hands 提出了屏蔽暂堵 D90 规则，刚性封堵理论以架桥和充填为主要理论基础，主要使用刚性颗粒实现漏失通道桥塞封堵，阻止流体进入地层。

关于柔性封堵，自 1959 年 A.J.Willis 采用水泥、聚丙烯酰胺聚合物及能够生成沉淀的化学剂等封堵地层漏失以来，到 2009 年 F.Hutton 等发明可变形颗粒，认为封堵材料混于或溶于液体后能够变化形态，进入漏失通道，在地下温度、矿化度和渗流场等作用下，封堵材料在漏失通道发生物理化学变化，如交联、膨胀、吸附、凝固等变化，进而充填、封堵小孔隙、小漏失通道，形成具有一定承压强度的封堵带控制漏失。

1958 年，Reed R.M. 记载了美国得克萨斯州 1931 年在 Palo Duro 盆地空气钻井防漏作业的过程。到目前，利用纯气体钻井、雾化钻井、泡沫钻井、充气钻井、可循环微泡钻井、控压钻井等，降低对地层压力实现防漏，可以称为减压防漏技术。

1990 年，N.Morita 等提出使用固相、胶体或凝胶钻井液稳定裂缝，封堵漏失层，提高地层承压能力。2005 年 H.Wang 等研制 DVC 聚合物交联体系形成压力安全壳技术，以及斯伦贝谢剑桥研究中心提出了一种井壁"贴膜"（或称井壁"镶衬"）技术，即利用树脂的光固化反应性能在井壁上生成井筒衬即井壁"贴膜"，是一种集稳定井壁、防漏堵漏、提高地层承压与保护储层一体化的新技术，可以称为预处理技术。Lecolier.E 等在 2005 年提出对钻井液进行预处理、利用钻井液颗粒分布原理进行堵漏的技术，使井眼周围形成安全压力壳，现场提高井眼强度。

在 20 世纪 50 年代，美国的 Robert J White 对循环漏失封堵材料及其性能评价进行了研究。 Robert J White 认为评价一种循环漏失封堵材料应从以下六点来考量：

（1）所给的材料是否能够对漏层起到封堵的作用；

（2）如果给出一个裂缝的区域和长度，应需要多少材料能够进行封堵；

（3）在能承受的最大压力情况下堵漏材料能够封堵最大的裂缝尺寸；

（4）封堵程度达到什么情况下能够使钻井液漏失达到最小；

（5）循环漏失材料所形成的滤饼能否造成卡钻的现象；

（6）如果形成的滤饼脱落是否能够保证已形成的封堵区域不会重新漏失。

George 等对比分析了天然裂缝、诱导裂缝、溶洞的漏失特征，通过研究钻井液的漏失机理，设计出了一种新型的堵漏试验仪，该仪器可以模拟对诱导裂缝的堵漏作业。利用该仪器对多种堵漏材料进行了堵漏试验，结果表明颗粒状堵漏材料能堵住裂缝且能承受较高压差。

Dyke 等应用流体力学原理与颗粒随机运移模型分析了裂缝性地层的封堵机理，结合裂缝的分布形态和钻井工程特点，研究钻井液和堵漏液在裂缝中的漏失压力传播规律及封堵强度特征，为裂缝性地层有效封堵提供理论依据。

Morita 和 Fuh 根据试验，模拟了添加特种堵漏材料提高地层承压能力，并防止漏失的全过程。根据试验结果，井眼破裂是由于在井筒周围形成裂缝，堵漏钻井液中的堵漏材料在裂缝入口处形成桥堵，当裂缝进一步延伸时，随着井筒内液柱压力升高，当井筒液柱压力高于地层破裂压力时，含有堵漏材料的钻井液冲破封堵带，井筒内流体开始流入裂缝。由于堵漏钻井液漏失，堵漏材料中的固相颗粒在裂缝尖端处形成封堵，从而隔离井筒内液柱压力向裂缝尖端传递。但随着裂缝尖端进一步扩大，封堵会失败。

Aston 等[6] 提出了 SCT 应力笼理论，通过钻井液中的不同级配和浓度的固相颗粒，在井筒周围形成架桥层和封堵层，使得井周地层密实性增加，提高了近井地带地层的承压能力，从而达到了提高地层破裂压力的目的。随着裂缝的进一步扩展和堵漏材料的填入，井筒周围的地层破裂压力进一步提高。SCT 理论的实验发现：

（1）必须含有连续的粒径分布范围，从 1μm 的黏土到所需要的桥架宽度；

（2）符合 D1/2 的理想充填理论，在低密度钻井液中，用于选择最优的粒径分布；

（3）最好使用高颗粒浓度，实验发现需要至少 15μg/kg（42g/L）的桥架混合物才能进行有效地封堵；

（4）在某些过平衡钻井实验中，150℃ 及 4000psi 的情况下 SCT 理论仍然具有较好的堵漏承压效果；

（5）钻井液密度并不是形成成功桥架的关键因素。

Dupriest 等提出了 FCS 裂缝闭合应力理论，其研究结论如下：

（1）堵漏剂不应该在全部钻井液中混合使用，除非在非常高的渗透率或者严重漏失情况下；

（2）堵漏剂的颗粒尺寸相对并不是太重要，段塞流体输送到漏失层，都可以发展为固定体；

（3）粒径小于重晶石的颗粒材料（0~100μm）应该被设计为基岩渗漏材料使用，而不是堵漏剂；

（4）多数情况下堵漏剂基本作为滤失改进剂使用，而不是作为封堵剂使用；

（5）堵漏剂改善滤失的方法是清除小重晶石颗粒，30μm以下被清除则滤失增加10倍；

（6）细重晶石对滤失的影响可以通过使用不增黏水相的悬浮剂得到降低；

（7）堵漏剂的粒径尽可能地一致以便最大化滤失；

（8）堵漏剂类型相对不重要，任何材料都将在漏失了携带液后一样变得固定；

（9）设计堵漏浆的固体体积含量最大化直到达到其泵送极限；

（10）使用单一尺寸的加重剂来最大化大颗粒材料的百分体积；

（11）堵漏剂的强度相对不重要；

（12）水基堵漏剂的使用不会导致页岩失稳。

Oort 等提出了 FPR 裂缝扩展阻力理论：

（1）Aadnoy FHT 裂缝恢复理论[7]，其研究结论为，要有稳定的桥架防止漏失，最大颗粒粒径应该等于或者大于裂缝宽度；

（2）如使用碳纤维，长度应该大于裂缝宽度；

（3）需要一个最小颗粒浓度提供足够桥架；

（4）如果预测可能有高的压差，就应该使用具有高强度的颗粒材料；

（5）添加剂具有强协同作用，不良添加剂混合也可能产生好效果，好坏通过实验确定；

（6）许多商业添加剂并不对漏失控制有所贡献，应该从钻井液配方中剔除；

（7）新钻井液和现场钻井液之间有较大的矛盾，具有较大的改善潜力；

（8）颗粒的顶替是重要的，实验发现颗粒的沉降有重要的影响；

（9）水基钻井液比油基钻井液具有更强的裂缝封堵效果，因为水湿岩石滤失更通畅。

根据 Ivan IPT 理想填充理论[8]，D_{90} 应该等于裂缝开口尺寸，加入堵漏剂颗粒粒径太大，架桥就建立在井壁上，会被冲蚀掉，如果颗粒太小，又会进入裂缝里面，也就不会形成架桥；处理诱导裂缝更加复杂，诱导裂缝地层的形状和结构的差异总是与地层的属性相关联，钻井与机械的影响与地质影响一样随时间而出现变化，不是在所有时间内都知道诱导裂缝的存在，难以选择合适的 PSD 来进行有效地桥架。新一代的堵漏剂不依赖于 PSD 桥架颗粒级配而使用交联聚合物来实现，可以深入到裂缝的深部和渗透性地层，在一定时间其转化为橡胶状或者固体状，封堵裂缝，阻止漏失。研究表明，其产生的黏性、弹性和塑性特征极为重要，可以协助降低压力传递到缝尖，防止裂缝发展，并潜在永久地增加破裂梯度。

Leoppke TPB 颗粒架桥理论，提出单颗粒桥架理论和双颗粒架桥理论。

Fuh FPI 裂缝压力抑制理论的核心是堵漏剂防漏材料，具有如下特点：

（1）相对大的单一的颗粒粒径，阻止钻井液漏失，大颗粒不会改变钻井液性能也容易被清除；

（2）特制的颗粒尺寸不会参与到滤饼之中，因此，如果钻井液由于滤饼和滤液漏失，则它们的浓度随着裂缝发展而增加；

（3）具有类似于钻井液密度；

（4）钻井过程中不会磨蚀，不会压碎；

（5）大量的裂缝扩展阻力增加地层弹性模量和地层的有效应力；

（6）高浓度堵漏剂的裂缝扩展阻力较高，高浓度堵漏剂诱导在诱导裂缝较小的时候产生筛除效应，即使短裂缝不能产生筛除效应，也可以比钻井液具有更好的通过高裂缝扩展阻力来阻止裂缝扩展的能力；

（7）对于大的孔隙和天然裂缝，其可以像段塞材料一样起作用。

Verga 等通过对比分析成像测井、声波测井及岩心分析结果，提出了检测和诊断天然裂缝的方法，并通过现场应用验证了该方法的有效性。Verga 等认为，单独一条天然裂缝的漏失特征与具有多条裂缝形成的网状裂缝地层漏失规律不同。

Mehdi 等认为，钻井液中的固相颗粒在裂缝尖端架桥时，即使架桥后形成的临时性封堵层强度足够大，由于井周周向应力的增加也有可能将固相颗粒挤出裂缝，从而破坏固相颗粒形成的架桥部位。Mehdi 等提出在漏失层位井壁周围裂缝内部架桥，不仅可以防止固相颗粒形成的架桥带遭到破坏，裂缝中的液柱压力也可以起到支撑裂缝的作用。

Loeppke 等研究了假设裂缝中存在单颗粒和双颗粒在裂缝中形成桥堵的物理模型，通过把固相颗粒简化为模型，模拟固相颗粒在裂缝入口处及裂缝内部的架桥封堵情形。采用单个颗粒模型时，桥堵带的承压能力随着固相颗粒材料的颗粒直径的增大而增大，达到一定值后趋于稳定。颗粒直径与裂缝宽度之比越大，稳定桥堵后形成的桥堵带的承压能力越大，颗粒材料与裂缝壁面间的摩擦系数越大，桥塞的承压能力越强。

Lietard 等考虑非牛顿钻井液流变模式，提出了地层裂缝宽度的预测模型。通过理论计算，该模型计算得到了钻井液漏失量与时间关系序列图版，可以通过曲线拟合方法估算地层裂缝宽度。但是当钻遇地层为网状裂缝地层和破碎地层时，该方法计算出的裂缝宽度误差较大。

Fuh 等通过堵漏材料在裂缝尖端充填和封堵裂缝，以此提高裂缝延伸压力，避免裂缝进一步扩展。钻井液中大直径颗粒通过充填裂缝尖端，防止钻井液中堵漏材料中的变形颗粒进一步漏失，然后钻井液中的可变形的固相颗粒形成致密封堵带进一步阻止钻井液漏失，从而达到堵漏的目的。

Wang 等采用有限元数值模拟方法分析了地层封堵过程中影响近井带应力与裂缝稳定性的因素。采用外来干预方式提高地层承压能力均存在两个技术性问题：（1）已形成的桥塞封堵带易失效，导致裂缝性漏失地层发生重复漏失；（2）采用堵漏材料提高漏失层位近井壁地带地层承压能力，循环停止静止堵漏时起压容易，但恢复循环后随着堵漏材料的减少，导致漏失再次发生。通过采用强化漏失性地层井周应力或提高裂缝延伸压力来提高地层承压能力后，保持堵漏后裂缝性地层承压能力长期有效，这对于维持裂缝系统稳定性至关重要。

Bugbee 曾发表文章对多个油田井漏情况进行了分析，总结了处理循环漏失的有效措施：

（1）通过正确的钻井方法和合理的钻井液特性去避免漏失，其方法和措施很多，但这些方法的主要目的都是要降低地层的压力。

（2）钻井方法的选择，例如盲钻，带或者不带浮动钻井液帽的钻井、空气钻井等。

（3）通过井身结构优化，利用套管封堵漏失层位，建立新的压力屏障，防止压漏地层。

（4）在漏失层，放置软塞、纤维和片状材料加厚的滤饼。其使用方法不是循环这些材料，而是大量地添加这些材料作为堵漏剂。

（5）在漏失地层放置架桥颗粒，批量加入含有砾石、珍珠岩的水泥、地面垃圾、胡桃核、地层岩屑。如果可能，运用挤压力。这伴随着盲钻发生，盲钻过程中，钻屑被携带进入漏失层，进行架桥作用。

（6）在漏失层中放入岩塞，这些岩塞包括胶结水泥、石膏水泥、油基水泥、油基膨润土、具有时间限定的黏土。如果可能的话，可以使用挤压力。总的来说，降低钻井液密度是一种处理循环漏失的普遍处理方法。

L. Johnson 在 2000 年提出剪切敏感流体堵漏，其主要基液是柴油，包含增黏剂、胶凝剂和交联剂。与水和水泥混合后，当剪切时，剪切敏感流体在漏失带产生很强的凝胶，能消除漏失。剪切敏感流体的基本思路是流体在几分钟内渗透储层，转换成刚性凝胶。对于这一现象的产生，剪切敏感流体需要延迟胶凝活动，根据漏失速度调整胶凝时间确保足够渗透。剪切敏感流体的胶凝时间通过乳化剂和泵速可以简单操作。不同的乳化剂和泵速使剪切敏感流体能适应不同漏失速度和井底工具装置。这种剪切敏感性液体与水和水泥混合，在漏失层产生高强度的凝胶，在温度达到 130℃ 下依然能应用成功。这种剪切敏感性流体能封堵生产层并且减少储层伤害。原先的剪切敏感流体没有添加水泥，水泥的添加能更好地抵抗挤压。同时，水泥的加入使体系具有更好的早期强度。

E. Fidan 在 2004 年提出水泥是用作堵漏的最佳材料[9]，但是水泥作用是不可逆的，所以一般是在出现严重漏失情况时，选择水泥作为堵漏材料。此外，近几年来在特殊水泥设计方面也取得了一些进展，出现的极度触变性混合水泥，这种水泥稠化时间能控制返流，短的稠化转化时间能控制气窜，一旦进入漏层进行堵漏，效果良好，钻井过程中不会复漏。

近年来，针对更为复杂的钻井地质环境，国外在堵漏工艺技术领域里又取得了一些新的进展和成就。

苏联在钻井过程中经常发生恶性井漏问题，钻井技术人员深入分析了各类型堵漏剂的堵漏机理，通过大量实验，开发出了许多复合型堵漏剂，并且出现了一些具有一定特色的堵漏新工艺：

（1）井下混合堵漏浆液工艺。此法能保证各组分均匀混合，提高堵漏质量，相比双管法堵漏效果更好。先确定堵漏必需的材料总量，再根据总量确定每种组分的量。然后确定各组分总体积在井内液柱高度，且确定液柱上液面位置。将钻杆下到预定上液面位置，依次注入各组分（组分间有一定量隔离液），替挤第一种组分到井内。然后，把钻杆下到井内的第一组分的液柱下液面，向钻杆内注顶替液，而后上提钻杆，直至完全高出钻轩内的第二种组分为止[10-13]。

（2）平衡堵漏工艺。简要介绍三种新的平衡堵漏工艺：①用封隔器平衡井筒—地层压力注水泥工艺，采用封隔器使钻杆敞口端在漏层顶部 150~200m，甚至更高的情况下缓慢地把水泥浆送至漏层，可完全避免水泥浆被来自环空的地层水稀释，封隔器一般低于静液面 100~200m。②可监控综合堵漏法，注低密度液体或空气到环空，将钻杆敞口端置于离漏层顶部较远之外（最大达 500m），以便能够把所有的堵漏浆液替注到钻杆敞口以下井筒内，分批间歇（周期性停顿 15~20min）挤入 0.2~0.3m³ 小剂量堵漏液，直至获得预定压差（7~10MPa）。③避免堵漏浆液与井浆混合的堵漏方法，注入堵漏浆液前先密封井口，向环空注空气，直至压力等于堵漏液柱与被堵漏浆液替入漏层的洗井液柱之静压差值为止。堵漏浆液出钻杆时，空气从环空跑掉，其体积取决于注入钻杆的堵漏浆液总值。

（3）快凝胶质水泥浆。此浆液用于封堵吸收能力超过 20m³/h 的漏层，若漏失严重，超过 120m³/h，可在胶质水泥混合物中加入 5%~10% 的细粒惰性填料。低温条件下，最佳成分为（质量分数）：固井水泥 70 份 + 黏土粉 30 份 + 水 80~100 份 + 硫酸铝 3~4 份；若在高温条件下，固井水泥 100 份 + 黏土粉 50~150 份 + 硫酸铝 0.1~1 份 + 水 150~440 份。经现场数百次施工的经验表明，采用此浆液堵漏的一次成功率在 90% 以上。

（4）充气水泥浆。美国、苏联、日本、波兰、匈牙利等国对泡沫水泥进行了研究和应用。泡沫水泥是堵漏的有效手段之一，其典型配方是：固井水泥 100g + 水 50 cm³ + 水玻璃 2cm³ + 食盐 2g + 铝粉 0.2g。经验证明它最适用于 1000m 以内深度地层漏失。钢滤管覆盖器用于封堵任何漏层，而不受岩石空洞和漏失强度的影响，也不因其他方法无效而受影响。

美国钻井液实验室对各类型的堵漏剂堵漏机理进行了大量实验研究，其堵漏工艺技术主要包括：

（1）起钻候堵。用于处理诱发纵向裂缝完全漏失、部分漏失和渗漏。其方法是：停止钻进和循环、上提钻头、静止 4~8h；下钻时使地层承受压力最小；如不行，加堵剂 16m³。

（2）水基或油基中加填料配成桥塞剂。用于处理横向和纵向漏失带渗漏、部分漏失和不严重完全漏失，其方法是：配 16~80m³ 桥塞剂；以 28.5~57kg/m³ 的比例，把膨润土加入 12.7m³ 水中分散造浆，水用纯碱（1.4kg/m³）和烧碱（0.7kg/m³）预处理；水化后，每立方米钻井液加 1.4kg 石灰，再以 42.8kg/m³ 比例加粗胡桃壳或核桃壳；以 14.3kg/m³ 比例加粗—中纤维；以 14.3kg/m³ 比例加中—细纤维；以同样比例加 25.4mm 玻璃纸片；以 2.6L/s 排量把桥塞剂由敞口钻杆泵入。

（3）挤高失水混合稠浆。用于横向和纵向漏失带渗漏、部分漏失及低严重度完全漏失。其方法是：不同比例的海泡石土加入 12.7m³ 水中，处理后加不同填料，随后配成 16m³ 混合浆液。

（4）纯水泥、混配水泥、触变性水泥和特配水泥浆。用于横向和纵向的完全漏失和恶性漏失。

（5）井下混合软/硬塞。用于横向和纵向的完全漏失和恶性完全漏失。

（6）地面混合软塞法。用于诱发纵向裂缝。

（7）井下混合软塞法。用于诱发裂缝。

（8）用水、胶凝水和胶凝油携带砂子的特殊堵剂。用于诱发纵向裂缝的严重完全漏失和产层漏失。分成批混合和压裂车混合两种。

（9）强行钻进或用充气钻井液钻进后下套管。用于洞穴、大的天然横向裂缝和长段蜂窝状地层恶性完全漏失。其方法是：用强行钻进或充气钻井液钻完整个漏层；随后下套管封隔。

在俄罗斯的 Tatarstan 和 Bashkortostan 油田，一旦发生了钻井液漏失，通常采用一种液压机械式封隔器进行水力分析，从而得到有关的资料，确定该漏失层是否可以被有效地进行堵漏处理。首先将封隔器坐封在漏失层的顶部，然后以固定的压力按照不同的流量将水泵入漏失层。根据得到的数据资料，确定在压力条件下记录得到的吸收系数（C），单位为 m³/h。一般情况下，当 $C > 2\text{m}^3/\text{h}$ 时，便认为该漏失层的堵漏作业会很难实施完成。

伊朗 Tabnak 气田地层岩性以石灰岩和白云岩为主，石膏夹层较多，碳酸盐岩地层裂缝发育，连通性好，漏失严重，钻井过程中分别采用了堵漏剂段塞堵漏、水泥浆堵漏和堵漏剂随钻堵漏措施。经 Tabnak 气田 17 口井钻井实践表明，Tabnak 气田石灰岩地层裂缝很窄，堵漏剂段塞堵漏很容易封住裂缝，但有效期很短，当裂缝表面的堵漏剂被冲掉后或新地层再次出现裂缝时，井漏现象继续发生；水泥浆堵漏有效期短，堵漏操作时间长，成本高；而随钻堵漏钻井液，配制简单，即漏即堵，效果好，成本低，既节省时间，又节省材料，可满足气田的钻井施工要求。

在新墨西哥湾的 Monument 油田，Matador 公司通过油管摘脱技术与打水泥塞技术相结合的方法堵漏，Matador 公司使用与漏失层长度相当的玻璃纤维尾管，将玻璃纤维尾管安放在水泥塞中阻止地层漏失，最后，将尾管和水泥塞一同钻开。Matador 公司已经在新墨西哥湾的 Monument 油田严重漏失的井中使用了玻璃纤维尾管堵漏技术，均是一次性成功堵漏。

对于礁灰岩漏失地层，采用浮动钻井液帽技术能够快速穿过漏失地层，降低钻井成本。该技术的工艺要点为：用清水作钻井液、高黏度钻井液稠浆作清扫液，边漏边钻，将钻屑带入漏失地层，在钻井、起下钻、电测和下套管等全部现场作业中连续不断地灌入具有适当密度的高黏度稠浆作为环空压井液。国外的珊瑚礁油田基本上解决了井漏问题，保证了珊瑚礁漏失地层的安全、低成本和高速度钻井。

菲律宾南苏禄海 Sentry Bank Reef 油田 Nol 井和 Nol A 井在井深 1243m 处遇到具有异常高压的厚度为 442m 的塔礁地层，成功地运用了浮动钻井液帽技术。礁灰岩漏失地层的流体通道是孔洞和岩石碎裂的裂缝，流体易出易进，渗透率极高，气体上窜速度快。岩石本体强度低，易碎裂，可钻性好。采用普通的堵漏工艺无法制服礁灰岩漏失地层的井漏。钻礁灰岩漏失地层应该采用浮动钻井液帽技术，该技术能够快速穿过漏失地层，降低钻井成本。运用浮动钻井液帽技术的关键是井控技术的可靠性和水源、环空高黏度钻井液的储备。

哈里伯顿公司提出了近井壁地带井壁增强的堵漏技术，在井控过程中不仅能够有效地控制井漏，还可以把近井壁地带的地层承压能力增加 0.239g/cm^3（换算为当量钻井液密度），从而有效拓宽了钻井液安全密度窗口，有效封堵严重漏失井段，并同时增加近井壁地带地层的承压能力，防止井漏。近井壁地带井壁增强技术机理包括：近井壁地带井壁增强处理剂先与钻井液相互作用，在发生漏失的近井壁地带生成一层隔层，然后隔层在 30s 内转化成一种可塑密封层；可塑密封层使堵漏材料形成一种适应性强、延展性好、塑性高的桥堵带，从而可封堵漏失层。

俄罗斯鞑靼斯坦石油科学研究院提出的波纹管堵漏是一种机械式堵漏技术。波纹管是一种特殊封堵钢管，在制造时钢管做成一种特殊的截面形状，截面由波谷和波峰及过渡曲线组成。与常规的钢管相比，在截面周长相同的情况下，其截面面积较小，利用这一特性，可顺利将波纹管下入到复杂漏失层位。首先井下通过液压方式膨胀波纹管，再通过胀管器进一步扩充波纹管内径，使其截面变为直径加大的圆管，紧贴在漏失层位的井壁上，达到封堵漏失性地层的目的。

二、国内技术现状

我国对堵漏材料的研究起步较早，在 20 世纪 60 年代就开始应用堵漏材料处理井漏。近几十年来，由于井漏问题日益频发，堵漏材料的研究得到了长足的发展。其技术发展历程大致可划分为三个阶段。

1. 钻井技术不完善，无预防措施，见漏就堵、以堵为主，堵漏效率较低的初始阶段

20 世纪 70 年代以前均属这个阶段。在油气勘探开发初期，一方面对地质情况不熟悉，不知漏层在什么井段出现，因此在钻井中出现井漏往往是无准备的遭遇战，井漏一旦发生，工作十分被动；另一方面，这个时期钻井液技术也比较落后，大量使用的细分散和粗分散钻井液不能满足勘探开发的需要。钻井液工作面临的是钻井液类型单一、处理剂品种少、数量不足，钻井液固相含量高、自然密度高并难以控制的难题，因而一旦发生井漏，处理起来十分被动。在这个阶段，处理井漏采取的方法是见漏就堵，以采用稠钻井液加桥接物质（锯末、云母、稻草、泥球等）和打水泥塞等方法为主。由于一些井的井身结构不合理，加上钻井液质量差，堵漏材料和方法单一，结果使得许多井越堵越复杂，甚至发生事故，因堵漏不成功而报废或提前完钻屡见不鲜。这段时期防漏堵漏工艺的主要特点是：

（1）普遍采用固相含量高、自然密度大的粗分散钻井液钻井，钻穿漏层时十之八九均发生严重井漏。漏失概率高，漏失量大。

（2）堵漏方法和堵漏材料单一。以稠浆和注水泥堵漏为主要方法，几乎没有什么专门的堵漏材料，稻草、棕绳、泥球、碎砖、破麻袋等都可用于堵漏，方法简单，成功率较低。

（3）堵漏工艺技术及钻井液不完善，常常因堵漏加剧井下复杂情况，给正常钻井和完井带来极大困难。

2. 以堵为主、堵防结合，防漏堵漏技术的发展阶段

20 世纪 80 年代是我国防漏堵漏工艺技术的发展时期。在这个时期，钻井液技术有了较大发展，由粗分散体系逐步向聚合物钻井液体系转化。桥接堵漏材料的研究和应用拉开了这个发展阶段的序幕，各种新型堵漏剂应运而生，在实践中总结出了一套处理各种类型井漏的工艺技术；初步开展了堵漏模拟试验装置和漏失机理的研究，逐步掌握了各种漏失地区的漏层特点和漏失规律。提出了以防为主、堵防结合的战略指导思想，扭转了油气田防漏堵漏工作的被动局面，为防漏堵漏技术的进一步发展奠定了基础。这个时期防漏堵漏工作的主要特点是：

（1）针对不同漏失井的情况，选用合理的井身结构，避免了上部地层在钻穿漏层时井下复杂情况和事故的发生，为堵漏工作提供了良好的井下环境。

（2）以合理的钻井液密度平衡钻穿漏层，有效地降低了漏失发生率。

（3）研究和开发了桥接堵漏材料、化学堵剂、高失水堵漏剂、单向压力封闭剂及各种堵漏稠浆等为代表的新型堵漏材料，为治理各类型井漏提供了有力武器。

（4）各种堵漏方法和堵漏工艺日趋成熟，堵漏成功率明显提高，在此基础上总结出了我国处理井漏的工艺技术和工艺措施。

（5）提出了以防为主、堵防结合的指导思想，防漏工作初见成效。

3. 以防为主、堵防结合，防漏堵漏工作进入科学发展阶段

20 世纪 90 年代以来，人们更加重视对井漏预防的研究，确立了以防为主、堵防结合的技术路线。扭转了油气田防漏堵漏工作的被动局面，各油田技术人员对漏失层特征、分类、漏失影响因素、地层孔隙压力、破裂压力、漏失压力等进行了深入的研究；在此基础上预测了本地区可能发生漏失的层位、漏失条件及漏失性质；通过设计合理井身结构，钻井液密度、类型、配方、性能，配合相应的钻井工程技术措施，有效地预防了井漏的发生。如在钻井工艺技术方面：采用充气泡沫钻井技术，能够达到常规钻井液钻井和常规堵漏技术无法达到的技术效果，降低了井漏复杂井的钻井综合成本。近几年，又注重了堵漏材料的规范化、商品化，单一的桥接堵漏材料转化成了复合堵漏材料，提高了堵漏效率。如：中原油田针对井下大裂缝、洞穴地层和粗孔隙渗透地层时常发生严重井漏的情况，研究出了新型复合高强无机凝胶堵漏剂 SDR-2，现场使用 20 余口井，封堵率达 100%，封堵作业中一次成功率达 80% 以上。

在堵漏过程中更注重油气层保护，开发出了酸溶性高失水暂堵剂、单向压力封闭剂、酸溶性水泥等一系列具有储层保护作用的堵漏剂。

在堵漏过程中加强对井漏的理论、堵漏试验设备、堵漏工具的研究。华北石油管理局研究了一种新型的堵漏模拟试验装置，该装置通过高压气体，使试验堵漏液在加压下通过模拟漏层的试验模块产生漏失，然后依据所选定的试验温度、压力和模块特征，以及记录的漏失时间、漏失量等评价研究堵漏剂组分的配比、堵漏钻井液的封堵效能，以及确定合理的施工工艺条件，为科研和生产提供了科学、可靠的依据。

进入 20 世纪 90 年代以后，处理井漏技术工艺主要集中在特低压地层及油基钻井液防漏上。油田开发者投入了大量的人力物力进行研究，并取得了较好的成绩。

罗向东等通过室内实验发展了"三分之一"架桥规则，2000 年，崔迎春等提出利用分形几何原理复配暂堵材料，都是刚性封堵研究的代表。

赵良孝认为造成钻井液漏失的原因有天然渗透层的漏失和加重钻井液压裂诱导缝的漏失两种，后者由于裂缝穿层长度大，漏失钻井液量大，堵漏工程难以奏效。加重钻井液压裂漏失的机理是由于井下存在着各种应力，当钻井液密度足够大时，这些应力将在井壁的最大主应力方向上产生足以使井壁发生张性破裂的张应力，它具有特殊的测井响应。利用双侧向测井，再配合成像、井温、流体等测井资料就可判断钻井液漏失的层位和性质，为堵漏措施提供依据。

王维斌等对宣汉—开江地区恶性井漏的特点及地质因素进行了分析，指出恶性井漏主要发生在大型裂缝或溶洞系统；纵向压力剖面上，近地表正常静水柱压力带常发生恶性井漏，压力过渡带恶性井漏发生的频率相对较高，异常高压带较少发生恶性井漏。不同的压力带及复杂压力系统共存条件下容易产生新的漏失通道或储液空间，诱发恶性漏失。

屈东升、曾尚华等[14-15]针对川东高陡构造碳酸盐岩特大裂缝溶洞性漏失井的防漏治漏问题，结合雷口坡组、嘉陵江组和飞仙关组的漏失机理分析与井漏治理及多年的现场堵漏施工实践，总结出一套治理特大型裂缝溶洞性严重漏失无返井的堵漏方法。利用地层压力与井眼液柱压力平衡原理，提出堵漏施工设计中应重点考虑的问题及钻具下入深度、顶替钻井液量、水泥浆的初凝时间等重要参数的求取方法。对特大型漏失无返井的堵漏是一种新的探索。

袁智、汪海阁等基于事故致因理论建立井漏事故模型，将井漏事故危险原因归纳为地质条件不佳、井底压力过大、井漏诱因和应急失效类，提出了基于事故树方法的钻井井漏危险性专项评价方法。以东安井为例，对东安井井漏事故的风险源进行分析，找出导致井漏的主要原因，通过对最小割集和最小径集的分析可知，对井漏事故影响最大的是地质情况因素。他们对井漏事故的预防提出建议：井眼轨迹设计时应重点考虑地层的地质条件；施工过程中严格按规章操作，并建立良好的应急救援机制。

沈海超、胡晓庆等提出了一套基于漏失力学机理分析的井漏诊断及处理技术思路，将漏失力学机理及漏层位置分析作为堵漏作业首要环节，依据常规测井及成像测井等资料分析漏层位置及井漏机理、建立作业区潜在漏层的纵向分布剖面，并基于该剖面进行钻井防漏工作，依据漏失力学机理及漏失性质制定针对性技术方案。

黄荣樽[16]针对目前地层破裂压力预测模型考虑因素不全的现状，从存在地质构造力而产生非均匀地应力场的一般情况出发，考虑岩层本身的强度性质，分析了井壁岩石呈现破裂的应力条件，提出了新的地层破裂压力预测模式，并对模式中所包含的各项参数的确定方法进行了分析讨论。对比分析了几种预测模式下胜利、长庆和大港三个油田的水力压裂数据验算结果，结果显示所建立的预测模式准确性较高，与实测值的误差相比小于10%。

王贵、蒲晓林等[17]研究了诱导裂缝性井漏，应用岩石断裂力学的理论与方法，揭示了钻井液堵漏阻止诱导裂缝延伸的作用机理，分析了堵漏后裂缝内压力分布，提出人工隔墙对裂缝壁面的支撑应力应与钻井液的液压相等的新观点。建立了漏失力学模型，研究了堵漏材料不同封堵位置形式对阻止诱导裂缝延伸的影响，提出堵漏材料在裂缝入口后较短距离内的封堵为封堵诱导裂缝的最佳位置形式，堵漏评价装置必须能反映这种封堵形式；给出了堵漏阻止诱导裂缝延伸的必要条件，即裂缝尖端部分流体压力必须低于水平最小主应力，增加缝内流动压降或加速缝尖段内流体压力耗散有利于裂缝的阻裂。

蒋宏伟、石林等分析了钻井过程中的漏失机理，以及漏失压力和破裂压力之间的关系。研究表明，用破裂压力指代漏失压力，其理论的基本条件与易漏失地层的特点不符，计算结果与实际情况存在偏差。钻井过程中的地层漏失类型主要为自然漏失，钻井工程中需要把自然漏失作为主要预防对象。

谢彬强选用丙烯酰胺、十八烷基二甲基烯丙基氯化铵、丙烯酸钠等3种单体，合成出具有双亲结构的三元共聚物 XG，具有较好的抗盐、抗温性，体系具有很好的剪切稀释性，且在有效加量内增稠性不明显，封堵效果好。

中国石油勘探开发研究院采油所研制的柔性堵剂为以含芳基单体为原料合成的柔性聚合物材料，可任意变形，拉伸韧性强、强度高、封堵效果好，广泛应用于防漏堵漏中。

吕开河等[18]研制的自适应防漏堵漏剂、裴建忠研制的聚合物弹性微球，都是利用软化材料封堵地层的优秀典型。

李家学等[19]研究发现，使用主要成分为碳酸钙的刚性颗粒 GFD 时，第一级刚性颗粒的粒径为裂缝端口开度的 60%~100%；第二级为裂缝端口开度的 23%~40%；第三级为裂缝端口开度的 10%~17%。

郑力会正式提出模糊封堵理论。把模糊数学引入封堵理论，并开发了目前能够实现模糊封堵的绒囊技术。

在长宁页岩气区块就大量应用了以 SCT 应力笼为基础的桥浆堵漏工艺，在上部井段使用了核桃壳、棉籽壳、碳酸钙、云母片等天然植物和矿物颗粒，在油基井段也使用了诸如石墨类、蛭石，以及一些高分子合成材料作为堵漏颗粒。凝胶类材料则以水泥浆为主，化学凝胶使用较少。从这些堵漏方法在现场的应用效果来看，还存在较大的改进优化空间。

三、技术发展趋势

在压力衰竭地层、破碎或弱胶结地层、裂缝发育地层及多套压力层系等钻进施工时，井漏问题非常突出。由井漏诱发的井壁失稳、坍塌、井喷等问题是长期以来油气勘探开发过程中的世界性难题，是制约勘探开发速度的主要技术瓶颈；同时井漏造成钻井液损失巨大，而在储层发生的漏失对储层的伤害更是难以估量。

井漏，尤其是裂缝性地层恶性井漏具有突发性和复杂性特征，揭示钻井液漏失机理，研发专用堵漏材料，建立强适用性堵漏工艺，形成高效堵漏技术，提高裂缝性地层一次堵漏成功率，是钻井工程领域研究和实践的重点之一。

国内外在钻井堵漏研究和实践上积累了大量经验：在堵漏材料和方法上经历了由单一向多元化方向发展；在堵漏材料配方设计及施工工艺上经历了由最初的盲目性到经验性、再到初具科学性方向发展；在漏点检测、机械堵漏工具研发上也进行了有益探索。随着油气勘探开发向深层—超深层、非常规、低品位等油气资源领域拓展，裂缝（缝洞）性地层恶性井漏是钻井过程中最常见且最难以治理的井下复杂事故之一，目前裂缝性地层堵漏效果进步显著，国内外在钻井液漏失机理、堵漏机理、堵漏材料、堵漏工艺研究等方面均取得了一定进展，目前可基本满足少量和中等漏失地层的安全、高效、经济钻井的需求。尽管近年来堵漏技术的进步促进了堵漏成功率的进一步提高，但总体的堵漏效果仍不理想，现有技术均尚未有效解决裂缝性地层恶性井漏难题，尤其是大尺度裂缝和溶洞发育地层。未来，恶性漏失地层承压堵漏技术应综合地质、工程、材料等学科开展一体化深入研究与实践，深入完善漏失和堵漏机理研究，强化堵漏材料与堵漏工艺对漏失地层的适应性，注重堵漏材料自适应滞留和充填性能、堵漏材料高温稳定性能、智能堵漏材料和工艺的信息化、专家数据库的研究与开发，构建智能化堵漏系统，进而提高恶性井漏堵漏技术水平，实现裂缝性恶性漏失地层"高效、安全、经济"钻井，加快油气勘探开发进程。

经过梳理，未来的地层堵漏技术的主要研究方向如下：

（1）注重钻井液漏失和堵漏机理研究。不同地层的钻井液漏失及堵漏机理不明确，堵漏技术的科学指导性不强，未来应重点研究钻井液漏失和堵漏机理。由于地质条件不同，主要漏失通道存在很大差异，进行堵漏作业时需要根据漏失通道及储层物理化学性质优选堵漏材料。钻井液漏失和堵漏机理的研究是堵漏技术的基础，未来应加强机理研究，明确不同地层、不同尺度漏失通道中钻井液的漏失规律，从力学平衡、漏失通道、封堵方式等方面揭示漏失通道的堵漏机理和原则，为科学选择堵漏材料及配方、堵漏方法和工艺提供依据。

（2）注重自适应堵漏材料研发。常规堵漏材料形态与复杂尺度裂缝的自适应配伍性能差，在天然（诱导）裂缝发育的地层，裂缝尺度复杂且诱导敏感性强，常规桥接堵漏材料的粒径、水泥及凝胶堵漏材料的固化时间难以与裂缝（尤其是动态诱导裂缝）尺度相匹配，易在漏失层井壁或在裂缝入口处形成"封门"现象，后续钻井时易返吐，复漏风险高。未来应根据漏失和堵漏机理，确定堵漏材料与裂缝漏失通道的级配关系，研发具有裂缝空间形态自适应特性的堵漏材料。

（3）注重三维裂缝空间强驻留、强充填堵漏材料的研发。三维裂缝中堵漏材料驻留能力弱，充填堵塞程度低，大裂缝、溶洞等漏失通道纵向尺度大，在重力、密度等因素影响下，常规堵漏材料在纵向漏失空间中驻留能力弱，难以实现对漏失空间的有效全充填，堵漏效果不佳。未来应基于漏失通道参数和堵漏材料物理化学特征，研发具备裂缝空间强驻留强充填特征的高效堵漏材料，明确其自适应展布充填规律，增强其在漏失通道中的驻留和充填程度，改善漏失通道封堵效果，提高堵漏施工成功率。

（4）注重抗高温堵漏材料研发。堵漏材料的抗高温能力不足，长期封堵稳定性差，在深层、高温井的使用中受限。深层油气是未来中国油气资源勘探开发的重点对象之一，与中浅层相比，深层钻井过程中普遍面临着高温环境，要求堵漏材料具有良好的抗温性能。常用堵漏材料的抗温低于140℃，高温长期稳定性较差，对深层裂缝漏失空间"堵不牢"，后期易发生复漏。加强材料的抗高温机理研究，研发抗温性能良好的堵漏材料，才能保证深层高温漏失地层的长期封堵效果。

（5）注重发展大数据、智能化堵漏技术。目前恶性井漏堵漏技术经验性强，缺乏堵漏分析和评价专家系统，智能化程度不高。国内恶性漏失地层堵漏技术主要是依赖相似井况或邻近漏失井的堵漏处理经验，缺乏堵漏技术的科学优选和评价专家系统，无统一的堵漏工艺规范。开展一体化、智能化堵漏技术研究，首先建立重点区块堵漏数据库，形成具有广泛适用性的堵漏分析和评价专家系统；其次强化智能化堵漏材料和方法的基础研究，促进堵漏技术向数据化和智能化方向发展。

第三节　长宁页岩气钻井井漏防治难点

一、长宁区块井漏的复杂性

长宁页岩气井漏主要集中在 N20A 井区、N20B 井区和 N21C 井区；表层及二开地层，是清水钻井液与水基钻井液漏失，三开龙马溪组主要为油基钻井液漏失。表层、二开与三开漏失复杂性有以下几个方面。

1. 表层漏失，大裂缝、溶洞恶性漏失并存

（1）流沙层垮塌严重，井底沉砂"越捞越多"；

（2）普通水泥堵漏滞留能力差，抗水冲稀能力不足，稠化时间过长，造成堵漏成功率低，增加非生产时间；

（3）凝胶、树脂类材料受环保影响，表层堵漏使用受限。

2. 二开井眼漏失，存在碳酸盐岩漏塌同存地层，水基钻井液承压堵漏困难

（1）碳酸盐岩地层（飞仙关组、茅口组、栖霞组）高角度裂缝、断层发育，使用随钻堵漏难以有效封堵；

（2）龙潭组煤层易塌，飞仙关组、茅口组易漏，密度窗口窄，防塌提高钻井液密度后漏失更加严重，承压堵漏难度进一步加大；

（3）同一井场不同方位井的漏失情况差别较大；

（4）桥堵方式的颗粒尺寸与裂缝不好匹配，水泥堵漏滞留能力差。

3. 三开井眼漏失，页岩段油基钻井液对微裂隙的封堵能力难以满足堵漏需求

（1）油基钻井液改变岩石壁面润湿性和堵漏材料摩擦系数，堵漏规律不清楚；

（2）油基桥堵以水基惰性桥堵材料（果壳、植物纤维等）为主，与油基钻井液配伍性差；

（3）井下裂缝形态复杂且无法准确确定尺寸，桥堵材料需现场多次尝试来与之匹配；

（4）存在较为显著的井眼呼吸效应。

二、井漏防治效果不足

1. 漏点位置判断不准确

对漏点的判断多依赖经验，建议漏失发生后开展循环压耗计算，分析立压及漏速变化，判断漏失层位及井深。

2. 缝口封门现象

目前承压堵漏和桥接堵漏采用"小排量、低泵压挤入"的施工工艺，易造成缝口封门，适当提高排量可以撑开裂缝，使堵剂快速进入裂缝深处，形成缝内封堵带，提高承压能力。对材料粒径和裂缝尺度的匹配性要求高，施工时易发生"缝口封门"或"封内流失"现象。

三开微裂缝漏失需防治结合，在"堵"之前进行井壁强化，随钻堵漏，防止微裂缝张开，建议参照邻井漏失井段提示，在油基钻井液中提前加入纳米—微米封堵剂。

3. 堵漏成功率低

311.2mm 井眼为水基钻井液段，主要穿越层位为茅口组、飞仙关组、韩家店组、龙潭组、嘉陵江组、栖霞组，漏速普遍较大，失返现象较多，桥浆和随钻堵剂多用核桃壳、棉籽壳、植物纤维等常见材料。共统计 106 次井漏，其中桥堵 86 井次，成功率 61%，水泥浆堵漏 20 井次，成功率 68.3%。据推断，311.2mm 井眼漏速小于 30m^3/h 时，漏失通道相对而言易于使堵漏颗粒或高固相的水泥浆驻留，堵漏成功率较高，漏速大于 30m^3/h 时，桥浆粒径匹配差，水泥堵剂驻留能力下降，堵漏成功率降低。

215.9mm 井眼的龙马溪组使用油基钻井液，统计漏失 132 井次，其中水泥堵漏 25 井次，成功率 38.3%，桥浆堵漏 58 井次，成功率 43.2%，随钻堵漏 40 井次，成功率 57.3%，降密度、降排量堵漏 48 井次，成功率 83%。龙马溪组的诱导微裂缝由于呼吸效应，颗粒和水泥都难以驻留。韩家店组和石牛栏组提承压而压开的裂缝通道较大，难以封堵。

参 考 文 献

[1] 刘延强，徐同台，杨振杰，等.国内外防漏堵漏技术新进展 [J].钻井液与完井液，2010，27（6）：80-84，102.

[2] 李松.海相碳酸盐岩层系钻井液漏失诊断基础研究 [D].成都：西南石油大学，2014.

[3] 孙剑，崔茂荣，陈浩，等.新型复合堵漏材料的研制 [J].西南石油大学学报，2007（S2）：133-135，180-181.

[4] 鲁政权.钻井液堵漏材料分析与防漏堵漏技术探讨 [J].科技创新与应用，2019（28）：157-158.

[5] 赵正国.强化井筒的钻井液防漏堵漏理论与实验研究 [D].成都：西南石油大学，2016.

［6］ Aston M S，Alberty M W，McLean M R，et al.Drilling fluids for wellbore strengthening［R］.IADC/SPE 87130，2004.

［7］ Aadnoy B S，Belayneh M.Design of well barriers to control circulation loss［R］.SPE Drilling and Completion，2008：295-300.

［8］ Sanders W W，Williamson R N，Ivan C D，et al. Lost Circulation Assessment and Planning Program：Evolving Strategy to Control Severe Losses in Deepwater Projects［J］. Distributed Computing，2003.

［9］ Eaton B A. Fracture gradient prediction and its application in oilfield operation ［J］.JPT，1969，21：1353-1360.

［10］唐国旺.化学凝胶堵剂的研究与应用［C］.第十九届全国探矿工程（岩土钻掘工程）学术交流年会.乌鲁木齐，2017.

［11］史野，左洪国，夏景刚，等.新型可延迟膨胀类堵漏剂的合成与性能评价［J］.钻井液与完井液，2018，35（4）：62-65，72.

［12］应春业，高元宏，段隆臣，等.新型吸水膨胀堵漏剂的研发与评价［J］.钻井液与完井液，2017，34（4）：38-44.

［13］田军，刘文堂，李旭东，等.快速滤失固结堵漏材料 ZYSD 的研制及应用［J］.石油钻探技术，2018，46（1）：49-54.

［14］屈东升.川东高陡构造井塌原因及防塌措施研究［J］.钻采工艺，2000（5）：87-88.

［15］屈东升，曾尚华，曾庆恒.严重漏失无返型井漏的分析与治理［J］.钻采工艺，2001（4）：5，27-29.

［16］黄荣樽.地层破裂压力预测模式的探讨［J］.华东石油学院学报，1984（4）335-347.

［17］王贵，蒲晓林，文志明，等.基于断裂力学的诱导裂缝性井漏控制机理分析［J］.西南石油大学学报（自然科学版），2011（1）：131-134.

［18］吕开河.钻井工程中井漏预防与堵漏技术研究与应用［D］.东营：中国石油大学（华东），2007.

［19］李家学.裂缝地层提高承压能力钻井液堵漏技术研究［D］.成都：西南石油大学，2011.

第二章　长宁页岩气钻井井漏概况

长宁页岩气区域地质条件复杂，受多期构造运动影响，断层、褶皱发育，保存条件复杂，目的层微幅构造发育，储层非均质性强，上部地层溶洞发育，中部碳酸盐岩地层破碎且发育高角度天然裂缝，下部韩家店—石牛栏组地层承压能力不足，目的层微裂缝发育，且纵向多压力系统共存，复杂的地质工程条件是井漏频发的重要原因。本章基于长宁页岩气区域地质特征出发，分析长宁区块漏失特征，总结井漏防治技术总体思路。

第一节　长宁页岩气区域地质概况

一、区域地质背景

长宁区块位于四川盆地西南部，横跨四川省宜宾市长宁县、珙县、兴文县、筠连县。工区属山地地形，地貌以中低山地和丘陵为主。地面海拔 400~1300m，最大相对高差约 900m。区内年平均气温 17~18℃，年平均降水量 1050~1618mm，5—10 月为雨季，降水量占全年的 81.7%，主汛期为 7—9 月。区内长江、金沙江、南广河、洛浦河等水系发育，水资源总量 2428.4×10⁸m³。区内交通条件相对较好，工区及周边社会、经济条件相对较好，具有较好的市场潜力，为页岩气的规模有效利用提供了有利条件[1-4]。

四川盆地是上扬子板块重要组成部分[5]，也是目前中国南方最有利油气勘探区，构造上包括川西低缓断褶带、川北低缓断褶带、川平缓断褶带、川西南低缓断褶带、川南低陡断褶带和川东高陡断褶带。长宁区块地表地形地貌如图 2-1 所示。

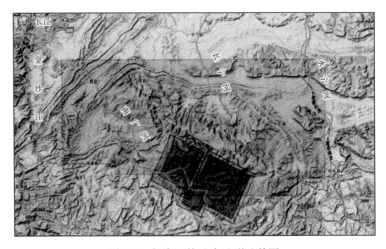

图 2-1　长宁区块地表地形地貌图

受川中稳定基底控制，四川盆地在地质演化期间，构造运动有升有降，活动频繁，自震旦纪以后，以下沉为主，可分为六个主要的构造阶段和时期。其构造演化特征如下：

1. 扬子旋回

主要以晋宁运动为主，其次还有澄江运动。晋宁运动发生在震旦纪以前，其构造强度较为剧烈，此次运动造成了震旦纪地槽的回返，以及造成了火地垭群、峨边群、板溪群和会理群等发生变质，导致了岩浆的侵入，从而形成了统一的基底——扬子准地台。同时该运动形成的龙门山、城口、安宁河等断裂控制了扬子准地台的西部和北部边界，变为了后期演变而来的地槽和地台的分界线。澄江运动在早震旦世的中晚期发生，列古六组与开建桥组的平行不整合在大凉山一带可以作为代表性的界面，探井钻探过程中发现，有一套岩浆侵入岩或火山喷发岩出现在震旦系的下伏地层。位于川中的女基井钻遇了厚度超过88m的一层紫红色英安质霏细斑岩。研究表明，与川西南下震旦统苏雄组相似，岩性与峨眉山花岗岩体雷同，同样产出于早震旦世的澄江期。早震旦世的火山运动和岩浆侵入已延至盆地的川中腹部和西部地区，使得"前震旦系"基底更加复杂化。

2. 加里东旋回

加里东旋回包括三期构造运动，从地质时期是指从早震旦世到志留纪：第一期为桐湾运动，发生在震旦纪末，地层发生大规模的抬升运动，造成灯影组上部地层广泛遭受剥蚀作用，导致与上部寒武统为假整合接触关系；第二期构造运动对四川盆地影响较小，发生时期在中—晚奥陶世之间；第三期为晚加里东运动，其构造运动较为强烈，影响也比较深远，发生在志留纪末，此次运动导致江南古陆东南的华南地槽区发生全面回返，下古生界发生褶皱变形，虽然在扬子准地台内的构造运动比较弱，褶皱发生不明显，但是断块、大型的隆起和拗陷活动仍然比较频繁，同时也造成了乐山—龙女寺古隆起的出现。乐山—龙女寺古隆起在构造和平面上与盆地中部刚性基底隆起带具有相似的构造特征和形状，构造上由西南延伸向东北方向，呈北东东向。其延伸范围广、幅度大，是盆地内影响最为广泛的一个大型古隆起，其中心内部为老地层：震旦系和寒武系，其外围拗陷区为新地层：志留系。

3. 海西旋回

海西旋回是发生在古生代的第二次构造旋回运动，其以盆地的抬升和下降为主，主要包括早晚二叠世之间的东吴运动、泥盆纪末的柳江运动和石炭纪末的云南运动。这些运动造成了地层的剥蚀和上下地层的假整合接触关系。在加里东运动后，四川的上扬子古陆和黔北的康滇古陆整合为一体，并发生抬升运动，造成盆地内只有川东地区存在石炭系，龙门山边缘带和康滇古陆东缘才有泥盆系和石炭系，而盆地内其他地区广泛缺失。东吴运动在早晚二叠世发生，导致扬子地台再次抬升变为陆地，使得盆地内大部分地区的上下二叠统均为假整合接触。同时在盆地西南部、康滇古陆，以及盆地内部沿华蓥山、龙泉山及川东部分高陡构造带上均可见到大规模的玄武岩和辉绿岩体，说明晚二叠世早期的拉张及断裂活动规模较大。此外，观察早二叠世后期剥蚀状况，抬升幅度在康滇古陆前缘较弱，地层保存较全，在大巴山和龙门山一带较强，地层保存相对零散。

4. 印支旋回

印支旋回发生的时期是从三叠纪到侏罗纪，其表现较为明显，具有显著特点的主要有两期：第一期为早印支运动，发生时期为中三叠世末，此时运动以抬升为主，发生海退运动，海水向西退出，基本结束大规模海侵，同时开始出现内陆湖泊，导致海相沉积变为陆相沉积，并伴生了以华蓥山为中心的北东向拗陷和大型隆起，其北部取名为开江古隆起，南部取名为泸州古隆起；第二期为晚印支运动，发生时期为三叠纪末，该期运动表现明显地区为甘孜—阿坝地槽区，运动使该地区的三叠系及以下地层全部回返，褶皱变形，同时中酸性岩浆的侵入导致该区域地层的变质，随后地壳上升，地槽区升起成山，盆地西北一侧的古陆整合成为一体，从而固定和明确了四川地区的西部边界。

5. 燕山旋回

燕山旋回发生的时期是从侏罗纪到白垩纪，其主要是陆相沉积和构造的发育阶段，其中盆地主要有四川、西昌、楚雄等多个沉积中心，构造沉积总的发展趋势为盆地周边褶皱回返，出现崛起的古陆，同时沉积盆地不断向内压缩，并伴有沉积中心的变化，但主要围绕乐山—龙女寺一带的中间隆起呈现环状分布。在此期间，乐山—龙女寺古隆起的中段向威远迁移，威远构造形成雏形；在喜马拉雅造山Ⅱ幕期间，逐渐形成老龙坝—威远背斜；在喜马拉雅造山Ⅲ—Ⅳ幕时期，发生断裂构造运动，老龙坝—威远背斜逐渐被断层分隔为两个单独的背斜。

6. 喜马拉雅造山旋回

喜马拉雅造山旋回是指白垩纪晚期以来至今的构造运动。在喜马拉雅造山旋回期间，盆地内至少发生了两次较为重要和特征明显的构造运动：第一次是早喜马拉雅造山运动，发生时期在新近纪以前，它的发生使得自震旦纪到古近纪以来的沉积地层全体发生褶皱，造成不同时期不同地域形成的褶皱和断层整合在一起，这次影响深远的构造运动也造就了当前四川盆地的基本格局；第二次是晚喜马拉雅造山运动，发生时期在新近纪到第四纪，大邑砾岩的强烈构造变动表明川西地区受此次运动影响剧烈，同时经过此次运动，在早喜马拉雅造山时期形成的构造形态得到进一步改造，最终构成了现今四川盆地的主要构造情况。自第四纪后，仍有新的构造运动发展，但除了龙门山山前带以沉降为主外，其余地区主要以阶段性上升为主，并遭受新的剥蚀作用。

整体上，在燕山期—喜马拉雅期发生较强的压扭性构造运动，使得长宁构造隆升为背斜，其核部寒武系以上地层暴露地表被完全剥蚀。

二、长宁区块构造与断层特征

长宁主体背斜构造位于云贵高原与四川盆地交接的地区，处于娄山褶皱带与川南古坳中隆低陷构造区之间，北部主要受川东褶皱冲断带向西延伸的影响，南部主要受娄山褶皱带一系列演化的控制，其构造具有两者的共同特征，为一个构造复合体。

1. 构造特征

长宁区块以长宁背斜为中心，长宁背斜整体呈北西西—南东东向，南西翼较平缓，北东翼较陡；构造高点主要分布于逆冲断层上盘。长宁区块主要圈闭有 13 个，主要分布于区块南北两侧。

2. 断层特征

长宁区块受多期构造影响，主要发育北东—南西、近东西向两组断裂体系，均为逆断层，断层规模以中小断层为主，多数消失在志留系内部；断开 P_{21}—O_{31} 的断层共有 24 条，长度大于 10km 的断层共有 13 条，落差均大于 100m（表 2-1）。

表 2-1 长宁区块五峰组底界断裂要素统计表

序号	性质	断开层位	断层长度 / km	落差范围 / m	消失层位		产状	
					向上	向下	走向	倾向
1	逆	TP_2l—$T\hat{l}_1q$	8.17	60~460	飞内	震内	北北	南西西
2	逆	TP_2l—TO_3l	7.99	60~180	飞内	奥内	北北	北北西
3	逆	TP_2l—TO_3l	3.95	110~120	飞内	奥内	北东	南东
4	逆	TO_3l	3.92	150~350	志内	奥内	北东	北西
5	逆	TP_1l—TO_3l	9.36	30~120	茅内	奥内	北东	北西
6	逆	TP_2l—$T\hat{l}_1q$	22.72	80~520	飞内	震内	北东	北北西
7	逆	TP_2l—TO_3l	3.42	80~100	飞内	奥内	北东	北西
8	逆	TP_2l—TO_3l	8.76	180~250	飞内	奥内	北东	北北西
9	逆	TP_2l—TO_3l	10.83	90~430	飞内	奥内	北东	北北西
10	逆	TP_2l—TO_3l	6.17	300~420	飞内	奥内	北东	南东
11	逆	TP_1l—TO_3l	3.39	310~520	茅内	奥内	北东	北北西
12	逆	TP_2l—$T\hat{l}_1q$	68.84	190~2480	飞内	震内	北西	南南西
13	逆	TP_2l—$T\hat{l}_1q$	8.58	80~270	飞内	震内	南东	南南西
14	逆	TP_2l—$T\hat{l}_1q$	17.96	150~300	飞内	震内	北北	北北西
15	逆	TP_2l—$T\hat{l}_1q$	11.22	15~100	飞内	震内	南东	北北东
16	逆	TO_3l	7.48	120~240	志内	奥内	南东	北北东
17	逆	TP_2l—TO_3l	16.15	100~260	飞内	奥内	北东	北西
18	逆	TP_2l—TO_3l	8.56	190~580	飞内	奥内	北东	南东
19	逆	TO_3l	9.60	180~220	志内	奥内	北东	南东
20	逆	TO_3l	6.76	80~320	志内	奥内	北北	南南东
21	逆	TO_3l	4.56	10~120	志内	奥内	南东	北北东
22	逆	TP_2l—TO_3l	42.50	60~740	飞内	奥内	北东	北西
23	逆	TP_2l—TO_3l	40.90	70~1500	飞内	奥内	北东	南东
24	逆	TP_1l—TO_3l	9.13	50~430	茅内	奥内	北东	南东
25	逆	TP_2l—TO_3l	7.36	80~210	飞内	奥内	北东	北西
26	逆	TO_3l	12.33	90~390	志内	奥内	北东	北北西
27	逆	TO_3l	3.97	70~220	志内	奥内	北东	北北西
28	逆	TP_2l—TO_3l	9.17	100~350	飞内	奥内	北东	北西
29	逆	TP_2l—$T\hat{l}_1q$	11.70	350~990	飞内	震内	北东	北北西
30	逆	TO_3l	10.05	50~150	志内	奥内	北北	北东东
31	逆	TO_3l	5.94	30~50	志内	奥内	北东	北北西

序号	性质	断开层位	断层长度 / km	落差范围 / m	消失层位		产状	
					向上	向下	走向	倾向
32	逆	TO₃l	9.75	90~130	志内	奥内	北东	北西
33	逆	TO₃l	9.12	100~320	志内	奥内	北东	北北西
34	逆	TO₃l	5.39	80~170	志内	奥内	北北	南东东
35	逆	TP₂l—TÎ₁q	18.56	80~1500	飞内	震内	北东	南东
36	逆	TO₃l	4.59	50~90	志内	奥内	北东	北西
37	逆	TO₃l	5.50	120~150	志内	奥内	北东	北西
38	逆	TP₂l—TO₃l	10.12	170~230	飞内	奥内	北东	北北西
39	逆	TO₃l	8.07	100~130	志内	奥内	北东	北西

注:"区"表示飞仙关组,"茅"表示茅口组,震表示震旦系,奥表示奥陶系,志表示志留系。

第二节　长宁区块漏失特征

一、工程地质特征

长宁区块位于四川省南部边缘,东西长约90km,南北宽约40km,处于宜宾市腹心地带,长宁县、高县、琪县和叙永县境内,为丘陵、低山地貌,其位置高点位于长宁县双河场。

该区块地处扬子板块西缘的川黔结合部,构造位置位于四川盆地川南褶皱带与滇黔北坳陷的娄山断褶带的交接部位,且娄山断褶带在此由北东向转为近东西延伸,东受四川菱形盆地北东向边界往西南延伸的影响,西受华鉴山断裂带演化控制,南受娄山褶皱带演化控制,北受川南低褶带构造演化影响。经历了多期构造改造,包括加里东、海西、印支、燕山、喜马拉雅造山等多个构造运动,使得研究区周缘受较大强度的断裂改造,裂缝发育,形成了现今构造条件相对复杂的构造体系。

二、典型井身结构

典型井身结构如图 2-2 所示。

长宁页岩气国家级示范区裂缝发育,出露为碳酸盐岩地层,表层多为喀斯特地貌,地下溶洞、暗河发育,表层和二开、三开钻进过程中常常发生井漏,漏失性质多为失返性恶性漏失,恶性井漏防治已成为制约长宁页岩气井提速提效的主要技术瓶颈之一。

二开和三开漏失典型地层为茅口组、石牛栏组和龙马溪组,这些地层为主要漏失层位。二开井段主要表现为裂缝性漏失,漏失频率高、漏失量大,且伴随局部区域漏喷同存风险,其中茅口组、栖霞组为本井段主要漏失层位。三开井段韩家店组、石牛栏组、龙马溪组等地层受到断层、裂缝、破碎带及弱胶结面等因素影响,漏失频率高、损失成本大,其中韩家店—龙马溪组顶部承压堵漏成为影响下步储层安全钻进的主控因素,龙马溪组定向水平段钻进井漏严重制约三开钻井提速。

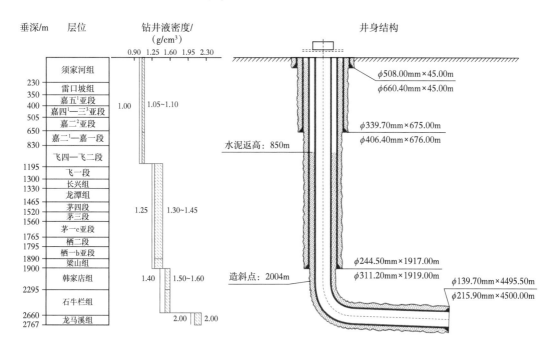

图 2-2 长宁区块典型井身结构示意图

三、钻井液漏失密度

长宁区块漏失主要集中在 N20A 井区、N20B 井区和 N21C 井区。纵向分布上井漏复杂地层较多，以茅口组和龙马溪组井漏最为严重，在横向上不同井区间的复杂类型和复杂程度也有所不同，N21C 井区井漏复杂突出。

统计了 N20A 井区钻井液漏失密度，结果如图 2-3 所示。须家河—嘉陵江组的漏失压力系数为 1 左右，茅口组井漏复杂突出，漏失压力系数 1.25~1.44，韩家店—龙马溪组井漏复杂少，漏失压力系数 1.76~1.93。

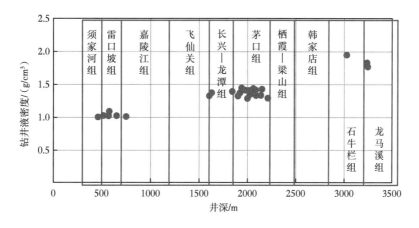

图 2-3 N20A 井区井漏复杂地层与钻井液漏失密度分析

统计了 N20B 井区钻井液漏失密度，结果如图 2-4 所示。须家河—嘉陵江组漏失压力系数为 1~1.1，茅口组漏失压力系数 1.32~1.45；龙马溪组漏失压力系数 1.89~2.05。

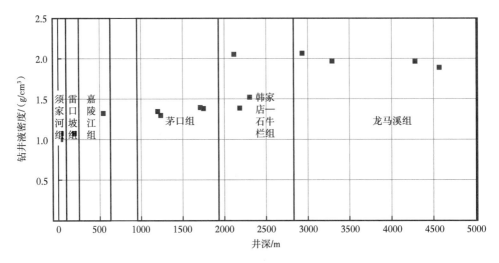

图 2-4　N20B 井区井漏复杂地层与漏失密度分析

统计了 N21C 井区钻井液漏失密度，结果如图 2-5 所示。嘉陵江—飞仙关组的漏失压力系数为 1~1.05，茅口—栖霞组的漏失压力系数为 1.2~1.38，韩家店—龙马溪组漏失压力系数 1.72~1.98。

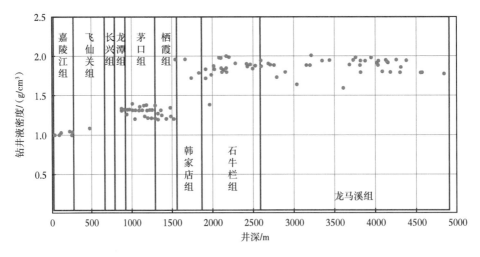

图 2-5　N21C 井区井漏复杂地层与钻井液漏失密度分析

图 2-6 对 N20B 井区、N20A 井区、N21C 井区井漏复杂钻井液密度进行了对比分析，须家河—嘉陵江组钻井液漏失密度为 1~1.1g/cm³，长兴—栖霞组钻井液漏失密度 1.2~1.4 g/cm³；韩家店—龙马溪组漏失密度主要集中在 1.7~2.0g/cm³；在 2000m 左右深度时 N21C 井区的钻井液漏失密度大于 N20A 井区的钻井液漏失密度。

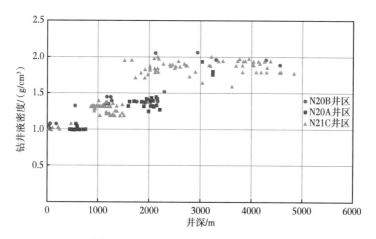

图 2-6　3 个井区井漏钻井液密度对比

四、漏失特征

长宁区块漏失主要集中在 N20A 井区、N20B 井区和 N21C 井区，以 N20A 井区最为严重。N20A 井区漏失井次占比 58.6%；水基钻井液漏失量占比 89.6%，损失时间占比 72.2%；油基钻井液漏失量占比 54%，损失时间占比 65.6%。N20B 井区漏失井次占比 25.6%；水基钻井液漏失量占比 2.1%，损失时间占比 2.6%；油基钻井液漏失量占比 32.9%，损失时间占比 14.3%。N21C 井区漏失井次占比 15.8%；水基钻井液漏失量占比 8.3%，损失时间占比 25.2%；油基钻井液漏失量占比 13.1%，损失时间占比 20.1%。

2020 年长宁区块漏失主要发生在二开茅口组，三开韩家店组、龙马溪组，二开井段累计漏失 $4.58 \times 10^4 m^3$（其中水基钻井液 $1.85 \times 10^4 m^3$），损失时间 176.08d，三开井段累计漏失 $2.34 \times 10^4 m^3$（其中油基钻井液 $6087.7 m^3$），损失时间 284.34d。水基钻井液在茅口组和韩家店组漏失严重，油基钻井液在龙马溪组漏失次数多且处理时间长。茅口组漏失量最多，龙马溪组漏失井数、漏失次数和损失时间占比最大。长宁区块分层漏失特征如图 2-7 所示。

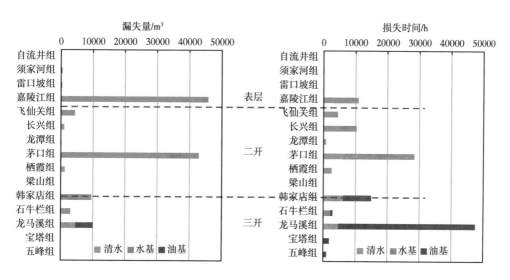

图 2-7　长宁区块分层漏失特征

长宁区块井漏复杂主要集中在 N20A 井区、N21C 井区。N20A 井区，在嘉陵江组和茅口组主要是清水漏失，在龙马溪组是水基钻井液与油基钻井液漏失（图 2-8）。N21C 井区，在茅口组是和栖霞组是水基钻井液漏失，在龙马溪组是油基钻井液漏失（图 2-9）。

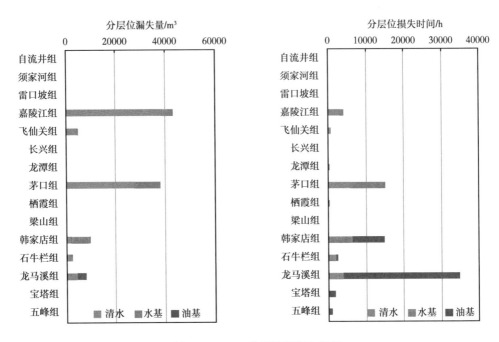

图 2-8　N20A 井区分层漏失特征

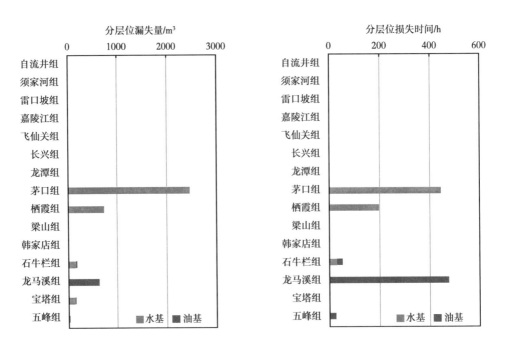

图 2-9　N21C 井区分层漏失特征

长宁页岩气区块钻井水基钻井液段井漏漏速普遍较大，漏速大于 30m³/h 和失返性漏失占比较高（图 2-10），主要层位为嘉陵江—韩家店组；油基钻井液段井漏漏速普遍小于 30m³/h，漏速大于 30m³/h 和失返性漏失占比较低（图 2-11），主要层位为龙马溪组。

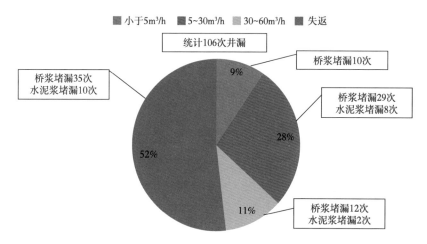

图 2-10 水基钻井液段井漏漏速及堵漏统计情况

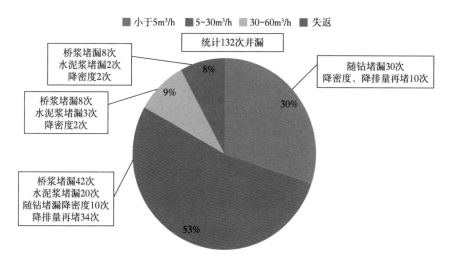

图 2-11 油基钻井液段井漏漏速及堵漏统计情况

第三节 长宁区块钻井井漏防治技术总体思路

根据现场防漏堵漏的实际情况，结合长宁区块的地质构造和漏失特征，针对长宁区块的井漏防治总体技术思路如下：

（1）研究长宁区块的漏失及堵漏机理，并对现有堵漏评价方法进行优化改进，使室内评价效果更趋近于现场实际情况。

（2）以三维三压力评价技术为基础，研究一套预测地层裂缝状态的模拟方法，定量预测地层裂缝、孔隙等有助于防漏堵漏的关键参数，以调整钻井密度，降低当量循环密度（ECD），降低漏失概率。

（3）从长宁区块现有的堵漏效果出发，分析堵漏方案及配方的优化改进方向，从堵剂材料、桥堵配方、专项堵漏技术、微纳米井壁强化等方向，对长宁区块上部、下部全井段的堵漏配方进行优化改进，形成长宁页岩气区块堵漏技术规程。

参 考 文 献

[1] 董大忠，邹才能，杨桦，等.中国页岩气勘探开发进展与发展前景 [J].石油学报，2012，33（S1）：107-114.

[2] 段文哲.四川长宁晚奥陶世—早志留世笔石生物地层及同位素地层研究 [D].北京：中国地质大学（北京），2011.

[3] 郭英海，李壮福，李大华，等.四川地区早志留世岩相古地理 [J].古地理学报，2004，6（1）：20-29.

[4] 郭正吾，邓康龄，韩永保，等.四川盆地形成与演化 [M].北京：地质出版社，1994.

[5] 董大忠，程克明，王玉满，等.中国上扬子区下古生界页岩气形成条件及特征 [J].石油与天然气地质，2010，31（3）：288-299，308.

第三章 长宁页岩气井漏机理 分析与堵漏技术现状

井漏问题是钻井过程中最常发生，也难以高效解决的井下事故复杂之一。针对这一问题，国内外诸多学者开展了不同方面的研究攻关，本章系统总结了国内外漏失及堵漏研究成果，在此基础上深入分析了长宁区块不同开次井漏与控制机理、堵漏技术现状、大数据堵漏技术分析成果。

第一节 国内外井漏与控制机理发展概述

一、井漏机理分析

明确地层的破裂机理和相应的破裂压力、漏失压力是开展漏失控制的前提条件之一，只有在结合地质特征和地层破裂机理的基础上，才能对漏失机理有清晰的认识，有效掌握漏失控制时机，并有针对性地开展漏失控制措施，解决盲目采取措施带来的人力、物力、财力消耗却并未解除井漏的问题[1]。

1. 地层破裂漏失

1）基于经验公式的破裂机理研究

1957 年，Hubbert 和 Willis 根据三轴压缩试验，首次提出了地层破裂压力预测模式即 H-W 方法。1967 年，Matthews 和 Kelly 在 H-W 模式中引入了骨架应力系数 K_i。1969 年，Eaton 将上覆压力梯度定为变量，在 H-W 模式中正式引入泊松比，指出由垂直应力引起的水平应力总量是岩石泊松比的函数。1973 年，Anderson 考虑了井壁应力集中的影响，引入 Biot 弹性多孔介质应力应变关系，在均匀水平地应力假设下提出了新模型，并首次由测井资料计算破裂压力。1982 年，Stephen 提出在预测破裂压力时考虑构造应力，采用声波法在常压下测得的弹性模量推算泊松比。1984 年，黄荣樽综合考虑三个主地应力、井壁应力集中、地下非均匀分布的构造应力，以及岩石抗张强度 S_t，提出了著名的黄氏模型。1989 年，Zamora 等提出了海洋钻井地层破裂压力计算方法，考虑了有效应力系数、水深，此外还有两个系数需要利用地漏试验确定。1994 年，Rocha 和 Bourgoyne 发现海湾地区浅层沉积层有效应力比接近于 1，并且得出结论：海洋浅层的破裂压力等于上覆岩层压力。2000 年，李传亮根据多孔介质双重有效应力理论，发展了 H-F 模式。2006 年，E. Kaarstad 与 B.S. Aadnoy 基于大量地漏试验数据统计结果，采用水深标准化方法，给出了深水拉张型盆地破裂压力预测通用模型。

2）基于多场耦合理论的破裂机理研究

1990 年，Yew 和 Chenevert 首次定量描述泥页岩吸水过程，考虑吸水后岩石力学性质的变化，建立了首个力学—化学耦合的井眼应力分布模型。1993 年，Hale 和 Mody 首次提出了半透膜等效孔隙压力理论，给出了化学势差作用下孔隙压力的计算公式，开展力学—化学耦合时井壁应力的重分布分析。1995 年，黄荣樽等研究发现泥页岩层理面弱化可以采用岩石内聚力和内摩擦角与含水量的关系进行描述。1998 年，Choi 和 Tan 建立了考虑循环温度场影响的井壁稳定模型，采用数值模拟方法计算，结果表明冷却地层会增加井壁的稳定性而加热地层会导致井壁失稳。2001 年，Yu 等提出了首个与时间有关的化学—温度—多孔弹性模型来研究化学场和温度对井壁稳定性能的综合影响。2003 年，Ghassemi 等首先分析了岩石应力—渗流—化学场耦合下的井壁和地层应力分布，发现泥页岩渗透率是离子扩散、水力压差下流体流动的主控因素。2005 年，Farahani 等建立了热对流不等温条件下孔隙压力和温度耦合方程，指出温度会导致钻井液安全密度窗口变窄，温度变化会导致井眼发生拉伸破坏。2012 年，Wang 等考虑了泥页岩钻井液中电化学势渗透所产生流体的流动、离子运移及与固体变形相关的联合作用，提出了泥页岩井壁稳定流固化耦合新模型。2014 年，Chen 等建立了考虑结构特点和弱面水化的硬脆性泥页岩斜井段井壁稳定力学—化学耦合模型，并进行了现场实例分析。

3）基于弹塑性力学理论的破裂机理研究

2004 年，Aadnoy 等考虑井眼周围的塑性带，建立了首个用于破裂压力计算的弹—塑性模型，计算得出的破裂压力远高于弹性模型得出的结果，与实际情况不符。2015 年，孙清华等提出了均质各向同性破裂压力弹塑性模型，该模型考虑了钻井过程中的超孔隙压力，但该模型对于非均匀受力地层是不适用的。2017 年，刘化普等引入黏土力学超孔隙压力及其破碎性系数来对井眼周围有效应力进行修正，建立非均匀受力的圆形井眼模型、椭圆形井眼模型。

4）基于其他预测模型的破裂机理研究

1996 年，夏宏泉等基于灰色 GM（0，N）静态模型和 BP 神经网络模型，提出了灰色神经网络判释法预测破裂压力。2000 年，T.Sadiq 和 I.S.Nashawi 提出了基于广义回归神经网络的地层破裂压力预测方法，相比 BP 神经网络，其无需指定隐层数或神经元数，预测精度更高。2011 年，R.Keshavarzi 等建立了基于 FFBP 神经网络的地层破裂压力预测模型，输入参数为孔隙压力梯度、井深及岩石密度，并采用伊朗南部油田进行验证。

2. 地层压力漏失

漏失压力是设计钻井液密度、预防钻井液漏失的一个重要依据，通常高渗透地层、裂缝性地层及破碎性地层的漏失压力远小于破裂压力。地质构造的复杂性及地质条件在空间上的差异性使得漏失压力的预测难度极大，提高漏失压力也是强化井筒、提高地层承压的重要内容，通过堵漏的方法封堵漏失通道，重新建立地层破裂压力，提高钻井液的漏失压力。

漏失压力可以直观地描述为井筒内的钻井液进入漏失通道所需的最低压力值，是地层压力与钻井液在漏失通道中的流动压耗之和，考虑到实际的施工过程，钻井液少量的漏失是允许的，一些学者认为漏失压力是工程允许条件下的钻井液液柱压力。

Morita 等详细研究了钻井液漏失机理，分析了裂缝初始宽度、裂缝倾角、井眼尺寸，以及钻井液类型等对漏失压力的影响，提出了地层漏失压力理论；此外，其结合实验数据，得到了发生明显漏失的裂缝宽度大于 0.1mm 的认识。

钻井液的漏失特征和规律是研究漏失压力的基础，漏失压力的大小与钻井液在漏失通道内的流动压降相关，钻井液本身是一种典型的非牛顿流体，这从根本上增加了流动压降研究的难度。Sanfillippo 和 Brignoli 将钻井液假设为牛顿流体，从最简单的流体模式入手，研究了钻井液在井底单条裂缝中做层流流动的规律，建立了钻井液漏失量与井底压差、地层孔隙度、时间、地层综合压缩系数、井径、裂缝倾角等的关系式。Lavrov 和 Tronvoll 同样在假设钻井液为牛顿流体的基础上，建立了考虑钻井液滤失和裂缝变形的一维漏失模型。此外，Tempone 和 Lavrov 利用离散元法对牛顿流体在裂缝内的流动进行了数值模拟，为钻井液漏失规律的研究提供了新的方法和途径。随着研究的深入，非牛顿流体在裂缝内的流动模型逐渐被建立起来，Federico、Lavrov 等将钻井液假设为幂律流体，建立了钻井液裂缝内的流动模型，对缝宽、压差、缝长及钻井液稠度系数等与漏失速率的关系进行了详细的分析，研究了流变参数对流动压降的影响。Majidi 等采用赫巴模型建立了钻井液在天然裂缝内的流动模型，推导了裂缝内的压降计算公式，并且分析认为动切力对压降的影响最显著。

对地层漏失压力研究的另外一个重点是裂缝宽度的预测，裂缝宽度对于控制漏失有重要意义，Lietard、Verga 等在钻井液漏失特征及漏失模型的研究基础上提出了裂缝宽度的预测和计算方法，其中 Lietard 建立了钻井液漏失量和时间的关系图版，通过曲线拟合即可以得到裂缝宽度，但是在破碎性地层或者裂缝发育地层，该方法的预测结果与实际值有较大的偏差。Verga 对比了多种方法确定地层裂缝宽度的准确性，包括成像和声波测井及岩心分析得到的裂缝宽度，还有通过漏失模型得到的预测宽度，认为单一裂缝的漏失与多裂缝漏失不同。

国内针对裂缝性漏失的研究也取得了一定的进展，李大奇、李松等[2]建立了碳酸盐岩地层裂缝漏失模型，深入研究了钻井液在裂缝内的漏失动力学模式，将钻井液假设为赫巴模型，得到了一维和二维条件下的钻井液漏失模型，为钻井液漏失研究注入了新的理论和方法。

蒋宏伟、石林等在分析钻井液漏失机理的基础上提出了自然极小漏失压力的概念，分析了漏失压力和破裂压力之间的关系，认为将漏失压力列入钻井液密度分析中是必要的，或者使用漏失压力与破裂压力集成的破漏压力曲线代替破裂压力曲线作为设计参考。金衍等使用统计分析方法，收集塔中奥陶系区块碳酸盐岩地层钻井过程中的漏失情况，包括漏层的井深分布、漏失井的工况、漏失区域的井漏发生概率，以及钻井液漏失通道的类型等，建立了该区块的裂缝起裂压力模型，并以此确定了漏失压力当量密度的计算方法，取得了很好的应用效果。朱亮等针对天然裂缝性漏失和人工诱导裂缝漏失分别建立了漏失力学模型和统计学模型，对比了两种模型的计算结果认为统计方法得到的漏失压力结果要优于力学模型预测的漏失压力结果。

除了理论、实验，以及现场数据的统计分析之外，随着计算机技术的发展，计算机技术为钻井液漏失的计算机模拟提供了平台，练章华、康毅力、李大奇、李相臣等[3-5]利用有限元模拟对井底裂缝宽度随井筒压力的变化规律进行了研究，并研究了有溶洞存在时，溶洞对裂缝宽度变化的影响。

二、漏失控制机理分析

井漏失的控制是通过防漏堵漏来达到强化井筒以提高地层抗破坏的能力。国外对井筒强化的研究较早，比如著名的 DEA13 和 GPRI2000，这些研究为强化井筒的钻井液技术的长足发展奠定了基础。经过长期的研究，国内外众多学者针对裂缝性漏失的防漏堵漏强化井筒机理开展了大量的研究[6-14]，取得了一系列的成果，形成了一系列强化井筒提高地层承压能力的理论，包括封尾理论、应力笼理论、闭合应力理论、阻劈裂理论等。

封尾理论是在 DEA13 实验中提出的，基于大量的压裂和堵漏实验结果得出封堵材料在裂缝的尖端封堵，阻挡了裂缝的扩展，从而提出了强化井筒的封尾理论。Fuh 等深入研究了钻井液在裂缝尖端的滤失特征，对封尾理论的机理进行了解释，即钻井液中的液相进入裂缝尖端的速度小于裂缝尖端向地层岩石流出的速度时，裂缝尖端就会停止延伸。封尾理论对于高渗透地层较为适用，对于渗透率极低的岩石，要想达到封堵材料在裂缝尾部形成足够致密的封堵以达到阻止裂缝延伸的目的，难度非常大，封尾理论的适用性是有限制的。此外，根据流体的特性，流体压力的传播优先于介质的传播，也就是说钻井液的压力可能在封堵形成过程中已经传递至裂缝的尖端。

应力笼理论是基于 GPRI2000 实验得出的，通过堵漏材料封堵裂缝，不但能够阻止钻井液的漏失，还可以提高地层的承压能力。应力笼理论由 Alberty 等提出，其基本原理为：地层裂缝在压力作用下，裂缝开度会发生变化，此时钻井液中的堵漏材料进入裂缝并在裂缝入口处形成致密封堵，同时材料可以支撑裂缝，从而改变裂缝周围的应力状态，达到提高地层承压能力的目的。材料在裂缝入口形成的封堵段相当于一个隔墙，被隔开的裂缝内的流体压力随着液相向地层的滤失而减小并趋于地层压力，裂缝也因此发生闭合，而裂缝入口处封堵段对裂缝的支撑阻止了裂缝的闭合，从而对裂缝面产生了反作用力，增大了井周的周向应力，实现了提高井筒承压的目的，而且利用有限元方法开展了数值模拟研究，证实了应力笼理论；Hong Wang 利用边界元方法也模拟了封堵材料支撑裂缝引起井周应力的变化，还有 Nagel 使用 FLAC3D 也证实了应力笼理论。除了数值研究之外，Sweatman、Whitfill 等开展了大量的室内实验和现场应用，不断地证实和完善应力笼理论，开发了钻井液堵漏配方，取得了很好的效果。

裂缝闭合应力理论是由 Dupriest 等提出的，认为堵漏材料封堵裂缝的同时也必须隔离裂缝的尖端并使得裂缝具有足够的宽度，裂缝的闭合应力取决于裂缝的开度，也就是地层承压值提高的大小由裂缝被支撑的宽度所决定。裂缝闭合应力理论有点像是封尾理论和应力笼理论的结合。

阻劈裂理论是由王贵提出的，他首次将断裂力学理论引入到提高地层承压能力的研究当中，基于断裂力学原理，建立了地层的破裂压力模型，并以此为基础提出了封堵裂缝、阻止裂缝延伸、提高地层承压的阻劈裂理论，弥补了应力笼理论中对封堵位置的假设问题。为提高地层承压能力的钻井液技术提供了更全面的理论支撑。

围绕堵漏材料封堵支撑裂缝而引起的井周应力变化，众多学者开展了相关的研究，封堵材料对裂缝的支撑作用会在井壁周围产生诱导应力，诱导应力是岩石承压能力提高的标志。Sneddon 以线弹性岩石力学为基础，建立了裂缝诱导应力场的理论模型，认为诱导应力场不仅在垂直于裂缝面的方向上才有，在平行于裂缝面的方向上也有诱导应力，并且诱导应力有一定的影响范围。诱导应力引起了井周应力的变化，诱导应力足够大时会引起井周最大主应力和最小主应力的方向发生偏移，使得地层再次破裂时并不沿着原裂缝路径破裂，这对于确定新裂缝产生所需的压力提供了理论的可能性。

这些理论的发展对防漏堵漏技术的进步，尤其是相关钻井液技术的研究具有重要的推动作用，虽然它们或多或少存在一些问题，但是解决了很多现场急需解决的实际难题，取得了极大的成功。但是在研究钻井液防漏堵漏的过程中，堵漏往往是最受关注的，对防漏的关注程度要弱一些，比如在 DEA13 和 GPRI2000 的实验当中发现了一些问题却又没有引起必要的重视，例如钻井液明显提高了岩心的破裂压力，由于更关注对裂缝的封堵和支撑，而没有过多地研究钻井液为何提高了地层的破裂压力。Adony 对钻井液提高地层破裂压力的现象开展了研究，并且建立了弹塑性井筒破裂模型，考虑了钻井液在井壁上形成的滤饼对岩石破裂压力的影响，由于钻井液的复杂性导致了滤饼的复杂性，并且对滤饼研究的手段有限，对钻井液提高岩石破裂压力的现象仍然需要进一步开展详细深入的研究。

1/3 架桥理论针对的是孔隙性地层，指的是钻井液中固相颗粒的粒度中值约等于地层平均孔喉尺寸的 1/3 时，钻井液可以形成致密的滤饼，从而能够阻止其他固相或者滤液侵入地层。以此为基础，国内学者提出了"屏蔽暂堵"技术，在钻进储层段时利用尺寸为 1/3~2/3 孔喉直径的颗粒及变形填充材料封堵孔喉，达到保护储层的目的。该理论虽然针对的是孔隙性地层，但是对于强化井筒的研究也具有借鉴意义，特别是对于薄弱易破裂地层，在井壁上能够形成致密的封堵隔墙，有利于防止地层岩石的破裂。

理想填充理论是基于颗粒的堆积效率而提出的，当颗粒的累积体积分数与颗粒直径的平方根成正比时，颗粒材料有最高的堆积效率，也就是认为材料能够形成致密的封堵隔墙。Alberty 使用理想填充理论来设计颗粒材料的粒度级配，用于开展应力笼理论相关的实验；鄢捷年、张金波等研究认为理想填充理论和 D90 规则对提高钻井液暂堵能力有重要作用，在此基础之上，提出了优选材料尺寸和级配的图解方法，并编制了相应的软件，使得材料的设计更加方便快捷。

第二节 长宁区块井漏与控制机理分析

一、311.2mm 井眼井漏与控制机理分析

1. 311.2mm 井眼井漏机理

长宁区块二开井段 311.2mm 井眼钻遇海相碳酸盐岩地层，海相碳酸盐岩地层发育大量断层、裂缝、溶孔与溶洞。川西南地区，茅口组存在石灰岩缝洞型储层，基底断裂带分布较广，存在天然漏失条件；主要为孔洞孔隙型白云岩及岩溶，缝洞型石灰岩两大类。碳酸盐岩断层、裂缝、溶洞压差性漏失，漏失量与断层或裂缝开度及发育规模相关，井筒有效液柱压力高于断层、溶洞或裂缝中流体静压力时，则诱发井漏。

基于长宁区块区域断层裂缝三维展布与地层孔隙压力预测结果（图 3-1 和图 3-2），明确了长宁区块二开井段漏失类型与井漏复杂机理。

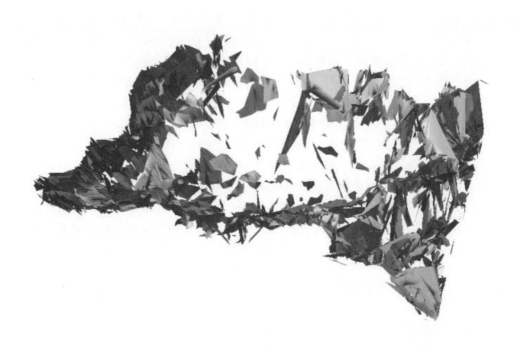

图 3-1　二开井段断层/裂缝三维展布

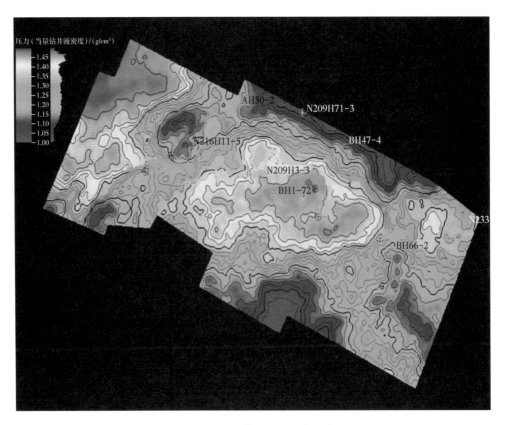

图 3-2　二开井段地层压力展布

对比分析长宁区块 311.2mm 井眼二开井段地层断层 / 裂缝、地层压力预测结果，长宁区块断层 / 裂缝主要集中在构造高部位，即 N21C 井区，N20A 井区北部、南部、东南部，N20A 井区中部凹陷部位断层 / 裂缝发育较少。长宁区块漏失临界密度普遍低于最小水平地应力、与孔隙压力大小相当，且漏失速度高、漏失量大，判断认为长宁区块二开井段主要以张开型断层、溶洞、裂缝压差性漏失为主（图 3-3），钻井液漏失临界密度与地层孔隙压力系数大小相当，井漏类型为压差性漏失，临界漏失压力接近地层孔隙压力。

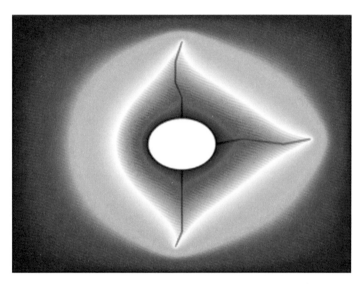

图 3-3　张开型裂缝压差性漏失示意图

图 3-4 和图 3-5 统计结果显示，飞仙关组、茅口组、栖霞组在不同漏速下均大量采用 5mm 堵漏颗粒，且堵漏成功率在 50% 以上，说明 311.2mm 井段裂缝宽度多为 3~5mm，漏速不同时，裂缝的长度及纵深程度不同。

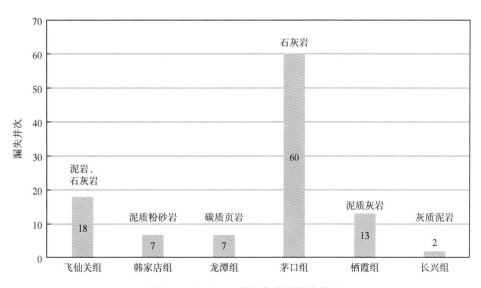

图 3-4　311.2mm 井眼各井段漏失情况

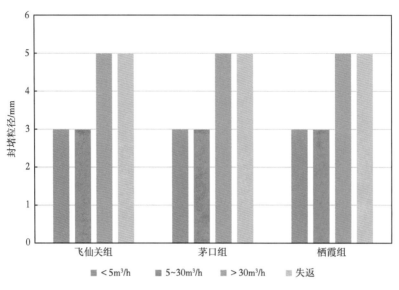

图 3-5　311.2mm 不同漏速堵漏粒径使用情况

2. 311.2mm 井眼漏失控制机理

当前针对缝洞型漏失的堵漏机理主要包括 1/3 架桥理论、理想填充理论，两类理论可有效地满足缝洞型漏失的封堵理论需求（图 3-6 和图 3-7）。基于以上两类理论，根据长宁区块 311.2mm 井段的堵漏需求，优选和形成适用于长宁区块的材料和堵漏浆体系，有效解决缝洞型堵漏的问题。

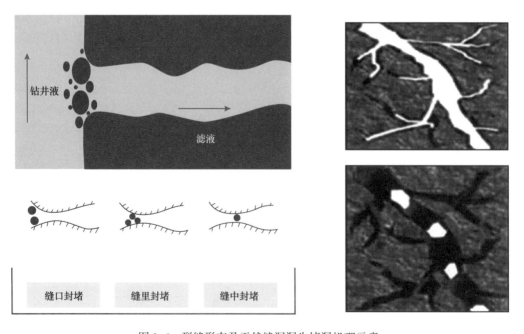

图 3-6　裂缝形态及天然缝洞漏失堵漏机理示意

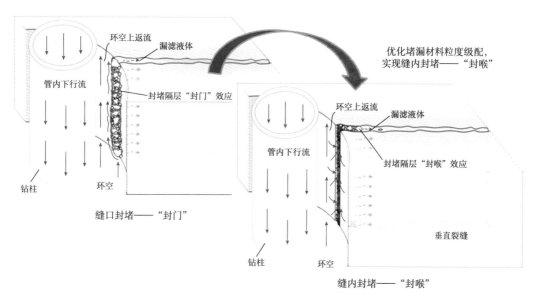

图 3-7　天然缝洞漏失堵漏机理示意

二、215.9mm 井眼井漏与控制机理分析

1. 215.9mm 井眼韩家店组与石牛栏组漏失机理

长宁区块三开井段漏失层位韩家店组、石牛栏组与龙马溪组（图 3-8），地层多为硬脆性泥岩、页岩地层。三开井段韩家店—石牛栏组发育有硬脆性泥岩，泥岩发育有高角度天然裂缝，外力作用下泥岩地层容易形成诱导裂缝。

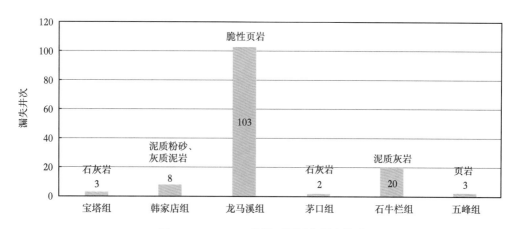

图 3-8　215.9mm 井眼不同层位漏失情况

韩家店—石牛栏组井漏临界密度统计表明（图 3-9），井漏复杂临界密度存在 2 个范围：1.4~1.55g/cm³ 与 1.75~1.95g/cm³，第 1 个范围与地层孔隙压力系数相当，判断认为是张开型天然裂缝压差性漏失，第 2 个范围与最小水平地应力梯度相当，为诱导裂缝张开延伸漏失，建议采用随钻堵漏、桥接承压堵漏等，有效提高漏层漏失压力。

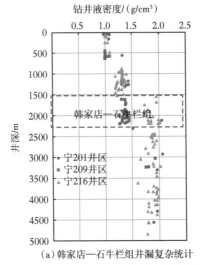

（a）韩家店—石牛栏组井漏复杂统计

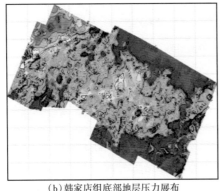

（b）韩家店组底部地层压力展布　　（c）韩家店组底部闭合裂缝漏失压力

图 3-9　韩家店—石牛栏组地层井漏复杂对比图

2. 215.9mm 井眼龙马溪组漏失机理

龙马溪组页岩地层，地层压力高、钻井液密度窗口窄（图 3-10），原地应力场下地层裂缝多为闭合状态，部分区域发育具有不同开度的断层、裂缝，主要以闭合裂缝张开延伸性漏失为主，伴有断层／裂缝压差性井漏。

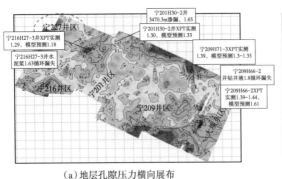

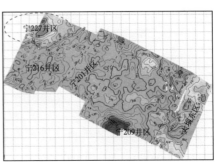

（a）地层孔隙压力横向展布　　　　　　（b）闭合裂缝漏失压力

图 3-10　龙马溪组底部井漏复杂分析

龙马溪组天然微裂缝发育（图 3-11），岩石强度降低显著，持续钻井液侵入和激动抽汲引起的压力波动可能导致地层裂缝更易扩展延伸、开度将进一步扩大，造成钻井液封堵能力失效。微裂缝发育，分布广泛，很多为纳米级裂隙，缝宽多数处于几百纳米到十几微米之间，页岩水平层理结构明显，发育的微裂缝宽度不一，并且微裂缝具有延伸长度长、弯曲程度大等特点。

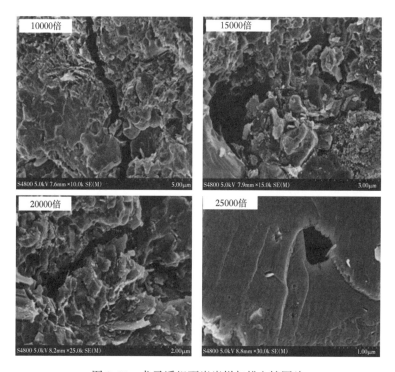

图 3-11　龙马溪组页岩岩样扫描电镜图片

龙马溪组桥浆堵漏成功率较低，使用粒径多为 3~5mm，随钻堵漏成功率较高，使用粒径多为 1~2mm，同时降排量、降密度堵漏成功率较高，说明龙马溪组主要是诱导型微裂缝发育。

N21X 井在井深 2348.08m（龙二段）钻进时发生井漏，钻井液密度 1.8g/cm³，漏速 23.1m³/h，添加随钻堵漏钻井液后无漏失。根据电成像测井资料，在井深 2348m 左右发育 1 条张开缝（图 3-12）。在井段 2241~2377m 发育有 7 条张开缝，其倾角变化较大，在 50°~80° 之间；倾向主要在 160°~170° 之间变化；走向主要在 70°~80° 之间变化。

闭合性裂缝临界漏失压力为闭合裂缝张开延伸压力，与地层最小水平地应力相当。实际中，龙马溪组页岩井漏复杂钻井液密度均高于地层压力理论预测值与 XPT 实测值。有效控制井底当量循环密度、有效降低密度，低于闭合裂缝张开延伸压力，或有效提高裂缝承压能力是防治闭合性裂缝漏失的关键。

钻井液固相颗粒的尺寸难以与井下条件地层的孔、洞、缝尺寸精确匹配（图 3-13 和图 3-14），不能形成有效封堵，在正压差作用下，井筒钻井液渗入地层而形成渗漏。推荐的封堵剂粒径分布宜为 D_{90}=8.9μm，D_{50}=2.3μm，对取自 N20A 井现场油基钻井液分析测试 D_{90}=16.1μm，D_{50}=1.9μm。

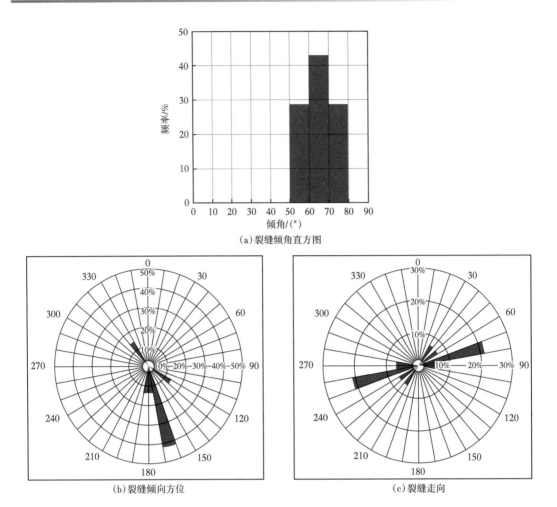

（a）裂缝倾角直方图

（b）裂缝倾向方位　　　　　　　　　　　（c）裂缝走向

图 3-12　N21X 井电成像张开缝产状图

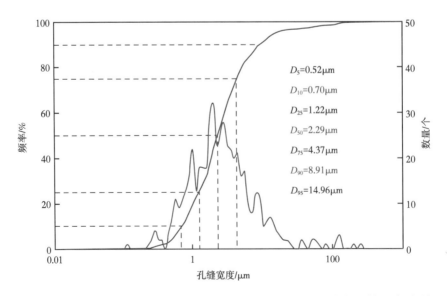

$D_5=0.52\mu m$

$D_{10}=0.70\mu m$

$D_{25}=1.22\mu m$

$D_{50}=2.29\mu m$

$D_{75}=4.37\mu m$

$D_{90}=8.91\mu m$

$D_{95}=14.96\mu m$

图 3-13　龙马溪组孔缝尺寸统计（基于 523 个未破裂纵向剖面扫描电镜累计测量）

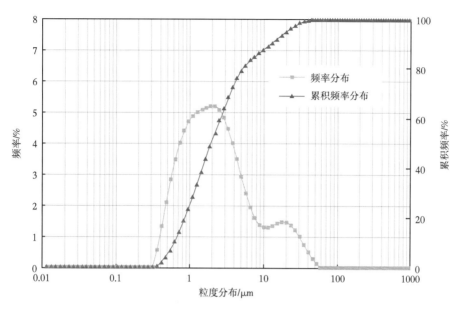

图 3-14 N20A 井区现场油基钻井液样品粒度分析

长宁页岩表面亲液，呈现混合润湿的特点，水基或油基钻井液极易从微裂缝侵入地层内部，造成近井壁坍塌压力增加，易引起微裂缝开裂、延伸和扩展。由于未能取到原地岩心，页岩理化性能测试所用岩心皆为长宁地区的露头岩心。该露头位于四川省宜宾市长宁县双河镇，整个露头厚度约为 15m，几乎全部属于龙马溪组。润湿性及自吸测定结果如图 3-15 和表 3-1 所示。

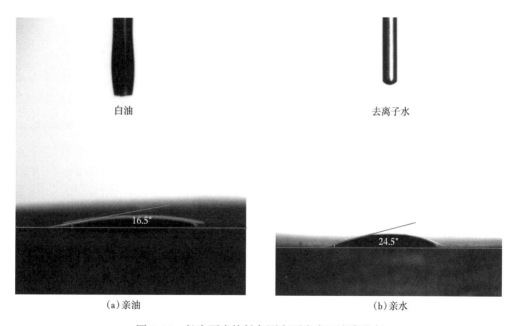

图 3-15 长宁页岩接触角测定页岩表面液滴形态

表 3-1   长宁龙马溪页岩接触角和表面能测定结果

测试项目	接触角 / (°)		表面能 / (mJ/m²)		
	去离子	白油	色散力	极性力	表面能
平均值	24.5	16.5	26.48	40.59	67.07

从以上实验结果（图 3-15 和表 3-1）可以看出，长宁区块的龙马溪组页岩表面能较高，对油、水均能够强烈润湿。相对而言，长宁页岩的油润湿程度更大。

岩心自吸不同流体的动态及最终自吸含液饱和度的大小，在一定程度上反映了钻井液侵入地层的程度和毛细管力的大小。测定岩心自吸去离子水和白油的吸液率（表 3-2）。

表 3-2   长宁龙马溪组页岩吸液率测定

时间 /h	白油吸液率 /%	去离子水 /%
0	0	0
10	6.64%	2.43%
20	7.13%	2.66%
30	7.29%	2.74%

岩心单向自吸实验测定的不同液体中的吸液率表明页岩自吸油水的能力极强。再次印证了水基或油基钻井液都易从微裂缝侵入地层内部。总之，长宁页岩表面亲液，呈现混合润湿的特点，水基或油基钻井液都极易从微裂缝侵入地层内部，造成近井壁坍塌压力增加，易引起微裂缝开裂、延伸和扩展。

地层岩石硬脆属性特征明显，钻井液浸泡和侵入微裂缝极易发生剥落掉块，造成微裂缝开裂、延伸和扩展，与地层内部大裂缝相互贯通，引起井漏。对龙马溪组露头页岩进行矿物组分 X 分析，结果见表 3-3。

表 3-3   龙马溪组露头页岩全岩矿物组成及黏土矿物组成表

全岩矿物组成							黏土矿物组成			
方解石	长石	白云石	菱铁矿	黄铁矿	黏土	石英	高岭石	绿泥石	伊利石	伊蒙混层
11%	3%	10%	11%	2%	9%	54%	2%	8%	39%	51%

龙马溪组页岩矿物主要成分为石英，其次为方解石、菱铁矿、白云石和黏土矿物，还含有少量的长石和黄铁矿。黏土矿物平均含量为 9%，组分以伊蒙混层（平均含量 51%）和伊利石（平均含量 39%）为主。

长宁区块 N20A 井区龙马溪组页岩主要由黏土矿物和脆性矿物组成（图 3-16），其中脆性矿物中石英组分含量最高，含有少量碳酸盐矿物与黄铁矿，黏土矿物中以伊利石为主；地层常见的孔隙类型有粒间孔、有机孔、生烃缝，以及构造成因的剪切缝、张性缝。

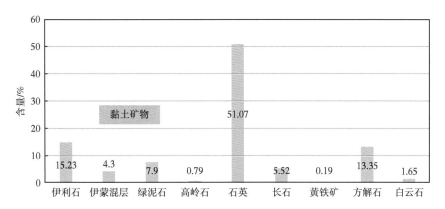

图 3-16　N20A 井区龙马溪组地层矿物组成

强膨胀性的蒙皂石含量极低，导致其膨胀性较弱，脆性矿物平均含量高，硬脆属性特征明显，极易发生剥落掉块。

综上所述，长宁页岩气三开龙马溪组漏失以微裂缝漏失为主，建模结果表明地层高角度裂缝交错发育，地层承压能力低，钻井液当量循环密度与漏失压力难以精确匹配。钻井液液相易侵入微裂缝造成裂缝扩展，固相颗粒的尺寸难以封堵微裂缝。三开堵漏重点在于提高对微裂缝的封堵能力，强化井壁。例如 N20AH58-2 井桥堵过程中，钻井液密度为 1.81g/cm³ 时，钻井泵冲次 130 冲，井底 4502m 当量循环密度为 1.91g/cm³，发生失返性漏失，降低钻井泵冲次至 40 冲，井底当量密度为 1.84g/cm³，未漏失。

3. 215.9mm 井眼漏失控制机理

针对不同类型的裂缝性漏失（图 3-17），需要进行辨别，分清楚是哪一种类型的漏失，才能更好地选取防治措施，针对不同的漏失类型，其防控的出发点或者说策略是不一样

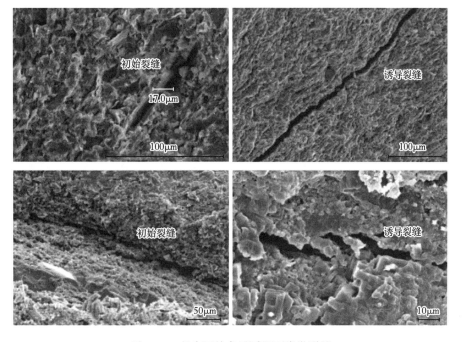

图 3-17　长宁区块龙马溪组页岩微裂缝

的，因此，明确裂缝的成因和规模，对裂缝性漏失的防控策略选取有重要意义。根据前面的分析，导致钻井液漏失的裂缝包括地层破裂形成的诱导致漏裂缝、原有天然非致漏裂缝的张开扩展形成致漏裂缝，以及天然致漏裂缝；针对致漏裂缝的成因需要采取相应的防治措施。对于地层破裂形成的致漏裂缝，主要以防为主，通过提高地层的破裂压力来实现防漏；对于已经破裂的地层，需要采用防堵结合的策略，重新建立地层的破裂压力，达到强化井筒的目的。

图 3-18 是长宁区块龙马溪组页岩裂缝形态。高角度裂缝：倾角为 45°~70°，以剪性裂缝为主，宽 0.3~2mm，长度可达 50cm，缝密度 2~3 条 /10cm，通常会给堵漏带来很大的困难，只要裂缝纵向切深没有结束，随着钻头向下钻进，高角度垂直裂缝会不断暴露出来，漏失也会一直存在，以往堵漏取得的进展也会不断丢失。这个过程直到裂缝消失才会结束。此外，在井眼波动压力的作用下，不仅会使裂缝开度增加，还会使裂缝沿着应力最小的方向延展，既可能沿井眼径向延展，也可能沿井眼轴向上下延展，延展长度长达数十米。这种情况就会导致井漏的反复出现，漏失位置更加难以确定。

图 3-18　长宁区块龙马溪组页岩裂缝形态

对于此类裂缝，应通过堵漏材料对裂缝的封堵作用（图 3-19），阻止钻井液向地层的漏失，同时利用堵漏材料对裂缝的支撑作用强化井筒，一旦堵漏材料在裂缝内形成稳固的封堵，钻井液再次发生漏失的压力阈值就会得到提高，控制钻井液漏失同时实现了强化井筒的目的。

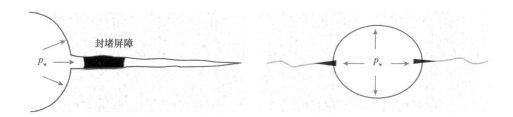

图 3-19　龙马溪组页岩裂缝封堵机理

封堵屏障与裂缝壁面之间的摩擦系数对封堵屏障的稳定承压有重要作用（图 3-20），堵漏材料与裂缝面之间应具备较高的摩擦力。对于韩家店组、石牛栏组井段的封堵应优选合适强度的堵剂，并合理匹配堵剂粒径，在裂缝中深部架桥堆积，配合使用高压弹性材料，弥补裂缝开合产生的微间隙，提高地层承压能力时，要优先考虑在裂缝内建立固相封堵屏障，形成具有一定长度的固体段塞。

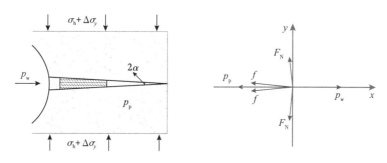

图 3-20　封堵屏障与漏缝内壁摩擦力示意图

　　长宁区块无论是天然裂缝或诱导裂缝，其裂缝型漏失控制的核心问题是地层漏失压力的变化情况，其堵漏核心就是提高地层漏失压力，对井壁进行强化。

　　存在天然裂缝的地层是扩展性漏失及压差性漏失的多发层位，由于裂缝的存在，地层已经破裂而不存在破裂压力，仅有漏失压力，当钻井液液柱压力超过地层的漏失压力后，钻井液就会漏失进入地层当中，因此控制压差性漏失和扩展性漏失的关键在于提高地层漏失压力；此外，对于已经被压裂产生致漏裂缝的地层，也需要采取措施，提高地层漏失压力。提高地层漏失压力的具体实施过程是向钻井液中添加堵漏材料，有效封堵裂缝，在解决钻井液漏失的基础上提高地层的承压能力，图 3-21 为钻井液提高地层漏失压力的示意图。

　　堵漏材料对裂缝的封堵情况决定了提高地层漏失压力的效果，因此提高致漏裂缝地层漏失压力的重点是确保堵漏材料在裂缝内形成稳定的封堵隔墙，这与裂缝特征及堵漏材料类型配比和堵漏材料自身性能关系很大，堵漏材料与裂缝之间的匹配程度直接影响到提高地层漏失压力的效果。因此，在研究提高地层漏失压力理论的同时，开展堵漏材料与裂缝封堵之间的关系研究，从而更好地达到强化井筒提高地层漏失压力的目的。

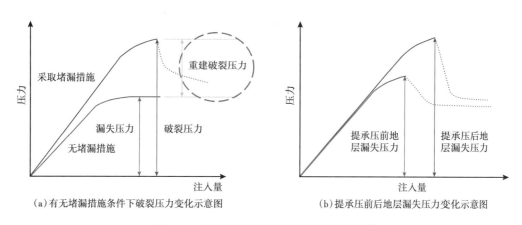

(a)有无堵漏措施条件下破裂压力变化示意图　　　　(b)提承压前后地层漏失压力变化示意图

图 3-21　防漏堵漏提高地层漏失压力示意图

针对龙马溪组井段，提高地层漏失压力的具体措施表现为强化井壁防漏（图 3-22 和图 3-23），避免微裂缝的张开。龙马溪组井段微裂缝漏失需防治结合，在"堵"之前进行井壁强化，防止微裂缝张开，建议参照邻井漏失井段提示，在油基钻井液中提前加入纳米—微米封堵剂。

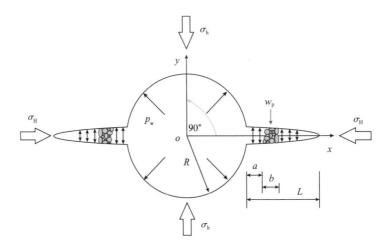

图 3-22　井壁裂缝封堵物理模型

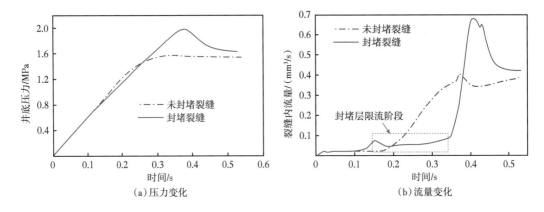

（a）压力变化　　　　　　　　　　　（b）流量变化

图 3-23　微裂缝封堵状态与井壁压力及流量变化的关系

低渗透封堵层的存在限制了沿裂缝长度方向的压力传递，进而提高了地层承压能力，裂缝扩展压力随着封堵层渗透率的降低而增加。

为提高微纳米粒子对地层微裂缝的充填，油基钻井液需补足纳米级和微米级粒子，同时具备对纳米级—微米级范围裂缝的"广谱"封堵能力。罗平亚院士在其研究中指出，油基钻井液中有机土粒径分布为 1μm，常规的乳状液、重晶石等材料粒径分布为 44~74μm，标准钻井液中天然缺乏几微米至 30μm 级别的粒径。

常规油基钻井液封堵剂（细目钙）粒径分布在 6~74μm，缺乏纳米量级粒径的封堵剂（图 3-24），因此，需补充足够的"纳米级"和"几微米至 30μm"全部刚性微粒子和塑性微粒子。

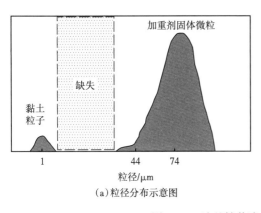

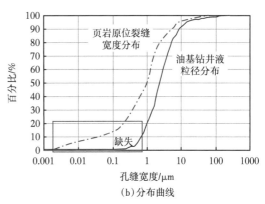

（a）粒径分布示意图　　　　　　　　　　（b）分布曲线

图 3-24　油基钻井液中微纳米粒子缺失情况

第三节　长宁页岩气堵漏技术现状

一、地层漏失概述

1. 漏失层位与漏失类型

（1）嘉陵江组：该组为非出露层，表现为裂缝、溶洞性漏失。如果碳酸盐岩裂缝延伸、溶洞空间巨大或者和地下暗河连通，则表现为失返性漏失。

（2）飞仙关组：飞四段为泥岩，飞三—飞一段为石灰岩，属于非渗透性地层，受地质抬升的影响井深差异大，伴随不同程度、不同特征的漏失，即裂缝性和诱导性漏失。

（3）长兴组和龙潭组：地层岩性为石灰岩和页岩互层，存在石灰岩裂缝性漏失风险，如果石灰岩与页岩互层层间胶结较弱，容易产生诱导性裂缝，其漏失特征属于裂缝与诱导性漏失。

（4）茅口组（主要漏失地层）：碳酸盐岩地层，存在碳酸盐岩裂缝和溶孔、溶洞，其基岩强度大，无诱导性漏失，总体漏失特征属于裂缝与溶洞性漏失。如果裂缝延伸长、宽度大、溶洞空间大（钻进中放空），则表现为恶性井漏。

（5）栖霞组和梁山组：地层岩性为石灰岩和页岩夹砂岩，其漏失特征为裂缝和诱导性漏失。

（6）韩家店组：地层岩性为砂岩，砂岩夹薄层石灰岩。存在裂缝、断层、弱化地层，其漏失特征属于诱导性漏失。为了满足龙马溪组储层安全钻进，需要进行承压试验。表现为裂缝性漏失和诱导性漏失。

（7）石牛栏组（主要漏失地层）：地层岩性为页岩与砂岩夹石灰岩，可能存在裂缝、断层。其漏失特征与韩家店组一致。表现为裂缝性漏失和诱导性漏失，且局部区域存在高压圈闭气，漏喷风险大。

（8）龙马溪组（主要漏失地层）：地层为页岩，广泛存在微裂缝、裂缝、断层以及断层错动带来的破碎带，地质精准预测难度大，导致压差型漏失和诱导性漏失；整体钻井密度窗口较窄，且局部层段井漏与垮塌矛盾突出，漏失特征总体表现为裂缝性漏失、断层漏失、诱导性漏失之一或复合型漏失。

2. 二开与三开钻井段漏失概述

长宁区块二开井段（311.2mm 井眼）断层发育，漏失类型多为天然孔缝漏失；三开井段（215.9mm 井眼）韩家店—石牛栏组漏失类型多为诱导性裂缝；龙马溪组主要以闭合裂缝张开延伸性漏失为主，伴有断层／裂缝压差性井漏。二开井段茅口组漏失量最多，三开井段龙马溪组漏失井数、漏失次数（图 3-25）和损失时间占比最大。二开井段漏速普遍较大，49% 为失返性漏失，10% 漏速为 30~50m³/h，29% 漏速为 5~30m³/h，12% 漏速小于 5m³/h，主要层位为嘉陵江—茅口组，钻井液密度为 1.03~1.71g/cm³；三开井段漏速普遍小于 30m³/h，主要层位为韩家店组和龙马溪组，其中，龙马溪组漏速多小于 20m³/h，钻井液密度为 1.05~2.03g/cm³。

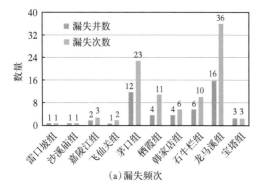
(a) 漏失频次

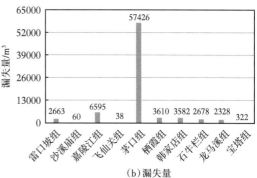
(b) 漏失量

图 3-25　长宁井区不同地层漏失频次和漏失量统计

二、311.2mm 井眼堵漏效果分析

通过调研长宁区块的井漏资料可知，311.2mm 井眼为水基钻井液段，主要穿越层位为茅口组、飞仙关组、韩家店组、龙潭组、嘉陵江组、栖霞组，漏速普遍较大，失返现象较多。

统计了 311.2mm 井眼 106 次井漏及堵漏的情况，针对不同漏速下不同层位的漏失，桥堵和水泥浆堵漏的成功率有所不同，其中桥堵 86 井次，总体成功率 61%，水泥浆堵漏 20 井次，总体成功率 68.3%。另外，凝胶类堵漏 5 井次，总体成功率 20%。具体如图 3-26 和图 3-27 所示。

二开井段漏失量较大，且失返性漏失多发，从漏失情况定性判断符合裂缝性漏失的特征。不属于延伸较远的大裂缝、洞穴漏失，属于多分支的孔缝型漏失，粒径匹配不合适则易发生"封门"复漏现象，使堵漏成功率降低。孔隙型漏失封堵，发生封门现象，能承压，易复漏；裂缝型漏失封堵，在缝口明显封门，棉籽壳及大天然颗粒加量过大也易导致封门；植物壳类材料强度较低、大颗粒易碎，降低成功率。311.2mm 井眼漏速小于 30m³/h 时，漏失通道相对而言易于使堵漏颗粒或高固相的水泥浆驻留，堵漏成功率较高，漏速大于 30m³/h 时，堵剂驻留能力下降，堵漏成功率降低。桥浆堵剂和随钻堵剂多用核桃壳、棉籽壳、植物纤维等常见材料，水泥和桥浆复合堵漏具有较好效果。

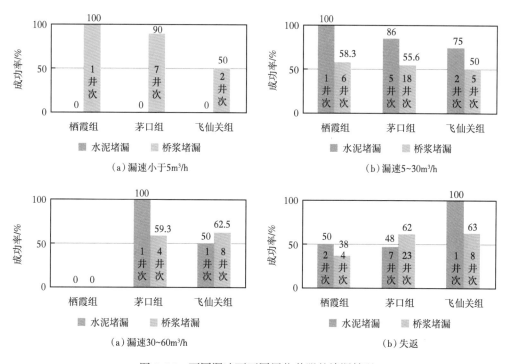

图 3-26　不同漏速下不同层位井眼的堵漏情况

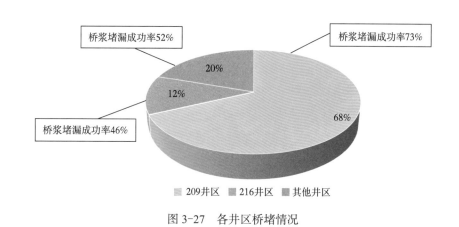

图 3-27　各井区桥堵情况

三、215.9mm 井眼堵漏效果分析

长宁区块的钻井设计中大部分井在 215.9mm 井眼的韩家店组和石牛栏组仍采用水基钻井液钻进，正常钻进漏速多在 25m³/h 以内（图 3-28），统计水泥堵漏 3 井次，总体成功率 53.3%，桥浆堵漏 11 井次，总体成功率 75%，随钻堵漏 4 井次，总体成功率 100%。提承压困难是此处发生复杂的主要原因，统计水泥提承压 9 井次，总体成功率 39.2%，桥浆提承压 10 井次，总体成功率 38%。

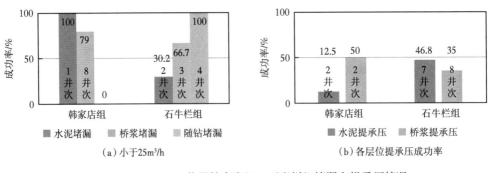

（a）小于25m³/h　　　　　　　　（b）各层位提承压成功率

图 3-28　215.9mm 井眼韩家店组、石牛栏组堵漏和提承压情况

龙马溪组统计漏失堵漏情况（图 3-29），水泥堵漏 25 井次，总体成功率 38.3%，桥浆堵漏 58 井次，总体成功率 43.2%，随钻堵漏 40 井次，总体成功率 57.3%，降密度、降排量堵漏 48 井次，总体成功率 83%。韩家店组和石牛栏组提承压而压开的裂缝通道较大，难以封堵，龙马溪组的诱导微裂缝由于呼吸效应，颗粒和水泥都难以驻留。常用的单封、超细钙、果壳等材料抗压强度低，遇到较大的诱导裂缝不易形成封堵，针对微纳米级裂缝，缺乏与之相匹配的封堵材料，难以实现微裂缝的有效封堵。

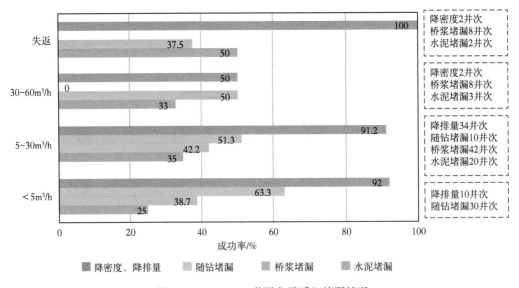

图 3-29　215.9mm 井眼龙马溪组堵漏情况

四、井漏防治问题分析

二开井段地层裂缝较为发育，漏失符合裂缝性漏失的特征，二开漏失量较大，失返性漏失多发，且多为初始小漏，后逐渐演变为失返性漏失。二开堵漏的关键在于堵漏配方中堵漏材料颗粒与缝宽的匹配，提升架桥堵漏成功率。钻井液无法有效封堵初始裂缝，导致裂缝扩展延伸，增加了水泥在裂缝滞留、桥浆颗粒架桥的难度。现场水基堵漏配方易封门，材料强度低、大颗粒易碎，易复漏。水基防漏堵漏材料多为天然材料，抗温性差，大

颗粒材料抗压不足，若需提高承压还要优化大颗粒材料的强度。

三开石牛栏组、韩家店组以天然裂缝、诱导裂缝漏失为主，需合理匹配堵剂粒径，在裂缝中深部架桥堆积，弥补裂缝开合产生的微间隙。提高地层承压能力时，要优先考虑在裂缝内建立固相封堵屏障，形成具有一定长度的固体段塞，形成缝内封堵带，提高承压能力。综上，水基堵漏体系存在粒径与裂缝匹配度不足的问题，需进一步优化，能同时封堵1~3mm 和 3~5mm 裂缝，且避免封门。

三开龙马溪组页岩主要以微裂缝漏失为显著特征，以闭合裂缝张开延伸性漏失为主，伴有断层 / 裂缝压差性井漏，漏失防治的关键在于避免微裂缝的张开。工程中应立足于防漏，积极采取降密度、控压钻井等措施。三开微裂缝漏失防治缺乏井壁强化的措施，同时，油基钻井液中缺乏对微裂缝有效封堵的粒子，不具备对纳米级—微米级范围裂缝的"广谱"封堵能力。

第四节　长宁页岩气大数据堵漏技术现状

一、井漏防治大数据库的建立

1. 数据的采集

以中国西南地区某区块的 154 口井为例，其中地质参数包括岩性、层位等，工程参数包括钻头类型、全角变化率、井径扩大率、平均井径、闭合距、井斜角、立压、钻压、钻头尺寸、钻速、转速、扭矩、大钩负荷、十秒切力等，钻井液参数包括入口流量、当量密度、入口密度、出口密度、出口流量等。所有钻井参数总计高达 75 种，这些钻井参数并不能全部直接用于数据分析及模型训练等。需要通过数据分析、工程经验、实验数据、模拟结果等各种方式来进行数据的降维，筛选出适用于大数据建模的参数。

在这些井史数据中，重点关注钻井专业数据和录井专业数据，可以体现出井的地层信息、钻时记录（整米数据）、钻井液全性能、钻头使用情况、每班钻井液记录等与钻井全过程紧密相关的数据信息（表3-4）。

表 3-4　数据来源表

类型	分类	数据
录井信息	深度	钻时记录
	地层信息	岩屑录井数据
		地层分层情况
钻井信息	钻头使用情况	钻头使用情况
	钻井动态	钻井日志
		每日钻具组合
		每日钻头
	钻井液信息	钻井液仪器实测
		钻井液使用记录

其中钻井机械参数从实时传感器上获取，其中大部分是基于仪表读数获取的。在井场收集数据的主要难点是数据质量。在钻井过程中，数据测量的不确定性很高。收集到的数据不准确，大部分是由于人为和设备错误造成的。鉴于上述问题，需要对井场实测数据进行预处理，从而提高数据井漏关键参数预测结果的准确性。

2. 数据预处理

1）缺失值处理

造成井史数据缺失的原因包括人为因素和机器因素。人为因素是指在钻井数据的录入过程中操作失误导致的，机器因素是指机器存在故障或者录井技术不够先进导致的获取参数能力较低，从而造成一定的误差。

井史数据缺失的现象在任何石油单位均有可能发生，若不进行处理的话，其对模型产生的影响也颇为巨大，主要表现在以下几个方面：

（1）数据挖掘建模时将丢失大量的井漏相关信息；

（2）井史数据中隐藏的井漏相关规律会被打乱，从而加大数据挖掘的难度；

（3）包含空值的数据会使建模过程陷入混乱，这将直接影响到最终钻井防漏堵漏关键参数的预测结果。

在数据预处理过程中面对的最主要困难是缺失值与异常值的处理，缺失值的处理主要有三种：完全随机缺失（MCAR）、随机缺失（MAR）和非随机缺失（NMAR）。从采集到的原始井史数据可以看出，井史数据中的缺失数据类型一般包含了 MCAR、MAR 及 NMAR 三类。

其中 NMAR 类的数据缺失原因可以进行合理地推测，如钻头尺寸参数表现为大范围连续 0 值，可能的原因是现场工程师忘记记录；当量密度参数表现为小范围的连续空值，因为该参数并不能直接由仪器测量得到，因此出现空值的原因可能是其他数据的缺失导致当量密度无法推导，从而出现空值的情况；还有一部分参数的缺失可能是由于仪器故障或超过了自身的测量量程。MCAR 和 MAR 两类的数据缺失原因则是无法获知的。图 3-30 为使用牛顿插值法补全立压缺失值的实例。

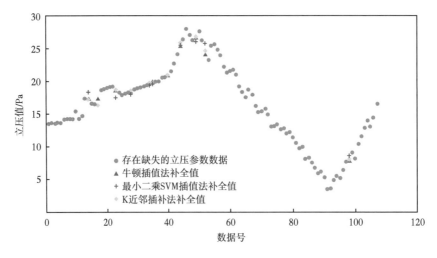

图 3-30　立压缺失值补全

2）异常值处理

井史数据异常值是指井史数据中有些错误记录的数据，这些数据单单靠肉眼是很难分辨出来的，而如果放任不管的话这种异常值又会对最终的钻井液防漏堵漏关键参数预测带来极为不利的影响，并且最终会影响到模型的预测精确度。以某井的井史数据为例，展示利用箱形图法进行井史数据异常值分析的基本过程。

以某口井的异常数据分析为例进行了箱线图的异常值检测，以及对异常值的处理，其处理后如图 3-31 所示。

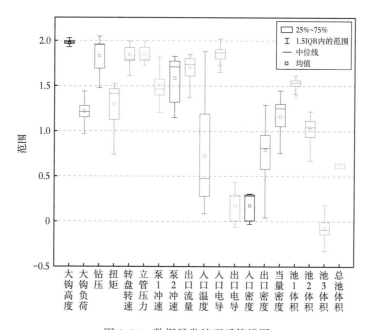

图 3-31　数据异常处理后箱线图

3）类型转换

岩性、层位等非结构数据不能直接用于数据挖掘，需要进行文本到数字的类型转换。由于类别之间是无序的，不能采用自然序数编码，因此可以采用 One-Hot 编码技术，使用 N 位状态寄存器来对 N 个状态进行编码；优点是可以避免直接编码产生的代码大小关系，如图 3-32 所示。

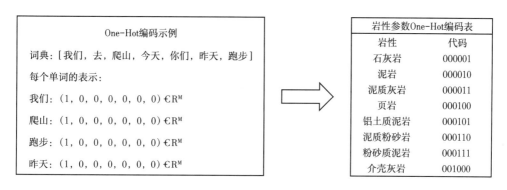

图 3-32　数据类型转换示例

3. 数据库建立

为了使数据库中的数据尽量保持数据的完整性，需要将尽量多的钻井参数纳入到数据库中。除此之外，在保证数据尽量完整的同时，需要纳入更多的数据样本。2018 年之后，因为数据采集设备有更好的精度，基本能保证数据的完整与准确，同时数据量也能得到保障。图 3-33 是以 MySQL 数据库建立井漏数据库的示例。

```
-- 井基本信息表
create table xa_jjbsj (SELECT * from wellhist.xa_jjbsj);
-- 井地层分层表
create TABLE xa_JDCFC (
        SELECT well_ID,wellbore_ID,SJID,DZND,CW,DJSD,XS,HD,XH,DCQJ,DCQX,YXMS,YQSXS from wellhist.XA_JDCFC);
-- 钻时记录表
create table xj_zsjl (
        select  well_ID,wellbore_ID,SJID,RQ,JS,CW,yxms,ZTCC,ZTXH,ZTLX,JJZS,JXJJ,ZS,ZY,ZS1,BY1,PL,
                LDND,DS3,DS300,DS600,ZJYMD,DCSMD,DCZS,YCDCYL,AXS,BXS,RXS,SFHG from wellhist.xj_zsjl);
-- 井径数据
create table xk_jjsj (
        select well_ID,wellbore_ID,SJID,RQ,XH,QSJS,ZZJS,ZTCC,PJJJ,JJKDL  from wellhist.xk_jjsj);
-- 井漏基本数据
CREATE table xh_jljbsj(
select well_ID,wellbore_ID,SJID,JLFSSJ,JLBH,QSJS,ZZJS,QSCW,ZZCW,LS,JLJCSJ,SSSJ,SSJE,DLCS,
        DLHCYNL,FSJG,CLCS,DSJS,DSZTWZ,LCYX,LSLB,LSXZ,DLFF,DLPF,DLXG,HFZCMD from wellhist.xh_jljbsj);
-- 堵漏配方
create table xh_dlpf(
        select well_ID,SJID,JLBH,XH,CLMC,YL,DW from wellhist.xh_dlpf);
-- 漏失钻井液数据
create table xh_lszjysj(
        select well_ID,wellbore_ID,SJID, JLBH,XH,LSMD,LSL from wellhist.xh_lszjysj);
```

图 3-33　井漏数据库建立示例

二、基于大数据的井漏主控因素提取

1. 井漏类型分布统计

通过大量的数据进行筛选整合，根据不同的属性特征进行分类处理，在宏观上把握数据共通性，在微观上紧抓数据差异性，以期利用大数据技术从数据样本中分析挖掘出更真实可靠的井漏规律，并凝练提出相应的防漏堵漏策略。以长宁区块为例进行正钻井漏失风险概率的大数据预测，预先对 2018 年至今的相关井漏数据进行统计，如图 3-34 和图 3-35 所示。

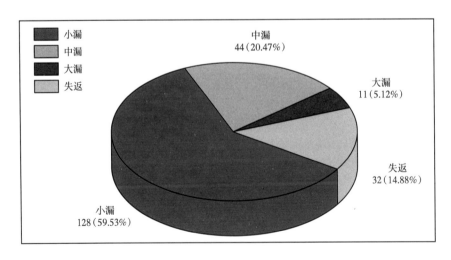

图 3-34　漏失类型的分布情况

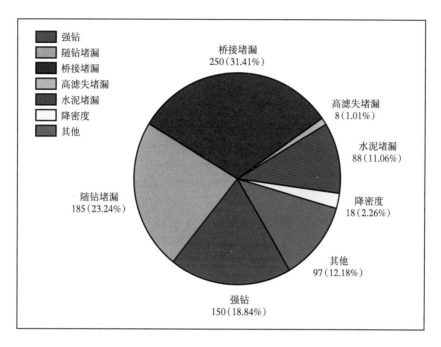

图 3-35　堵漏类型的分布情况

2. 井漏层位分布统计

井漏的发生与地层层位有着重要的联系，下面给出 2020—2022 年长宁区块层位按照深度递增发生井漏的次数对照统计图，如图 3-36 所示。

通过井漏在各层位的分布情况可以看出，龙马溪组发生了最多次数的井漏，紧随其后的便是飞仙关组、韩家店组等。

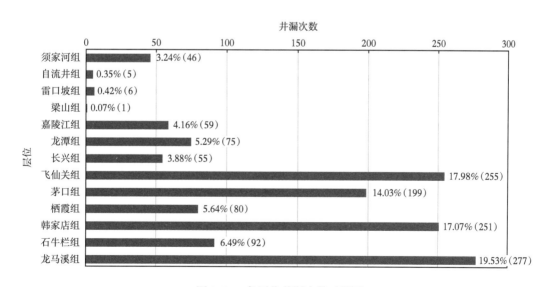

图 3-36　各层位井漏次数对照图

3. 井漏主控因素提取

经过前面的预处理步骤可以得到平滑无缺且可直接挖掘的数据，但井史数据参数众多，若是将所有参数全部进行数据挖掘，将这种参数输入模型不仅会使模型规模冗余，从而降低学习速度和效率，甚至还会影响其他输入参数，导致重要参数被淹没。因此，寻找与井漏相关的最佳有效变量集是非常必要的。

在对数据进行预处理之前需要从众多参数中提取出与钻井液漏失相关性大的参数，提取的过程即为相关性分析。下面以相关性分析方法来优选出影响井漏的主控因素，作为井漏风险预测的输入参数。

针对标准井深、漏斗黏度、层位、钻压、入口密度、垂直井深、入口流量、出口密度、立管压力、出口流量、钻时、钻井液密度、六百转读数、大钩负荷、转速、三百转读数、扭矩、一百转读数、十秒切力、三转读数、二百转读数、钻井液类型、六转读数、钻头类型、总池体积、钻井液体系、十分切力、钻头尺寸等多个钻井参数进行相关性分析。

分析表明，虽然有些参数影响权重很高，但是存在两个参数之间相关性极高的情况，比如标准井深和垂直井深都对井漏影响很大，但是由于它们的相关性极高，几乎可以看作同一个参数，这种情况下，结合经验和测试结果就只保留标准井深。又比如漏斗黏度对井漏影响程度也很高，但是由于现场数据获取存在困难，所以也只能排除该参数。最终，综合了方差分析、文献调研、测井工程师解答，以及堵漏工程师的经验判断，考虑现场数据获取的可能性，排除相关性过高的参数，经过反复的分析和模型试验，最终选定了与井漏相关的 11 个参数作为模型的输入参数：标准井深、层位、立管压力、入口密度、大钩负荷、总池体积、转速、扭矩、钻速、入口流量、钻压。

三、井漏风险预测模型建立及优化

人工智能与大数据技术中预测概率的数学计算方法较多，主要有故障树法、支持向量机法、机器学习法、决策树法、K 近邻法、随机森林法、多元线性回归法等。下面以具有较强可解释性的决策树算法为例。

1. 算法描述

在井漏预测中，因为导致井漏的参数多，且相互关联，一个决策树模型无法实现精确预测。因此，本节建立集成学习的深度决策树模型，有效增加井漏数据预测的准确性，如图 3-37 所示。

决策树是一个树结构（可以是二叉树或非二叉树），其中每个非叶节点表示一个属性上的测试，每个分支代表一个测试输出，每个叶节点代表一种类别。机器学习中，决策树是一个预测模型，它代表的是对象属性与对象值之间的一种映射关系。与支持向量机（SVM）类似，决策树在机器学习算法中是一个功能非常全面的算法，它可以执行分类与回归任务，甚至是多输出任务。决策树的算法非常强大，即使是一些复杂的问题，也可以良好地拟合复杂数据集。决策树同时也是随机森林的基础组件，随机森林在当前是最强大的机器学习算法之一。

2. 模型建立

输入训练集 D、基尼系数的阈值、样本个数阈值。输出的是决策树 T。算法从根节点开始，用训练集递归建立 CART 分类树：

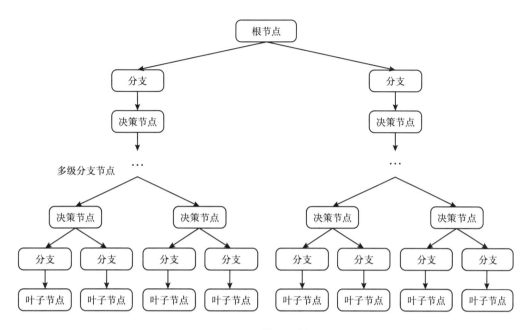

图 3-37 模型子树图

（1）对于当前节点的数据集 D，如果样本个数小于阈值或没有特征，则返回决策子树，当前节点停止递归。

（2）计算样本集 D 的基尼系数，如果基尼系数小于阈值，则返回决策子树，当前节点停止递归。

（3）计算当前节点现有的各个特征的特征值对数据集 D 的基尼系数。

$$\mathrm{Gini}(P) = 1 - \sum_{i=1}^{N} p_i^2 \tag{3-1}$$

（4）在计算出来的各个特征的特征值对数据集 D 的基尼系数中，选择基尼系数最小的特征 A 和对应的特征值 a。根据这个最优特征和最优特征值，把数据集划分成两部分 D_1 和 D_2，同时建立当前节点的左右节点，左节点的数据集 D 为 D_1，右节点的数据集 D 为 D_2。

（5）对左右的子节点递归，调用（1）～（4）步，生成决策树。

对生成的决策树做预测的时候，假如测试集里的样本 A 落到了某个叶子节点，而节点里有多个训练样本，则对 A 的类别预测采用的是这个叶子节点里概率最大的类别。其在逻辑上可以很好解释。可以采用交叉验证的剪枝来选择模型，从而提高泛化能力，这对于异常点的容错能力好。

3. 模型算法优化

随机森林指利用多棵树对样本进行训练并预测的一种分类器。在机器学习中，随机森林是一个包含多个决策树的分类器，并且其输出的类别是由个别树输出的类别的众数而定。

根据下列算法而建造每棵树：

（1）用 N 来表示训练用例（样本）的个数，M 表示总特征数目。

（2）输入特征数目 m，用于确定决策树上一个节点的决策结果；其中 m 应远小于 M。

（3）从 N 个训练用例（样本）中以有放回抽样的方式，取样 N 次，形成一个训练集（即 bootstrap 取样），并用未抽到的用例（样本）作预测，评估其误差。

（4）对于每一个节点，随机选择 m 个特征，决策树上每个节点的决定都是基于这些特征确定的。根据这 m 个特征，计算其最佳的分裂方式。

（5）每棵树都会完整成长而不会剪枝，这有可能在建完一棵正常树状分类器后会被采用。

决策树通过自己在数据集中学到的知识对新的数据进行分类，为了进一步提高预测精度，研究基于多棵决策树构建随机森林模型。随机森林就是希望构建多个决策树，希望最终的分类效果能够超过单个决策树的一种算法，具体流程如图 3-38 所示。

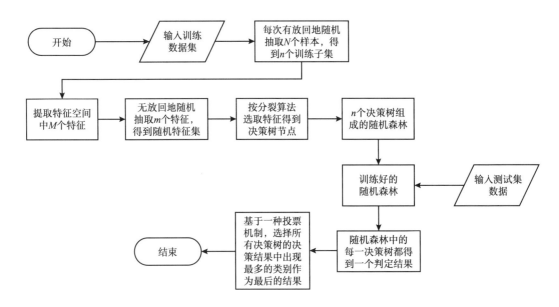

图 3-38　随机森林流程图

参 考 文 献

［1］沈海超，胡晓庆，李桂芝.破碎性地层漏失力学机理及井漏诊断与处理思路［J］.钻井液与完井液，2013，30（1）：85-96.

［2］李松.海相碳酸盐岩层系钻井液漏失诊断基础研究［D］.成都：西南石油大学，2014.

［3］李敏，练章华，陈世春，等.岩石力学参数试验与地层破裂压力预测研究［J］.石油钻采工艺，2009（5）：15-18.

［4］李大奇.裂缝性地层钻井液漏失动力学研究［D］.成都：西南石油大学，2012.

［5］李大奇，康毅力，刘修善，等.基于漏失机理的碳酸盐岩地层漏失压力模型［J］.石油学报，2011（5）：900-904.

［6］Schuetter J，Mishra S，Zhong，et al. Data analytics for production optimization in unconventional reservoirs［C］.Unconventional Resources Technology Conference，2015.

［7］Lolon E，Hamidieh K，Weijers，et al.Evaluating the relationship between well parameters and production using multivariate statistical models：a middle bakken and three forks case history［C］. SPE Hydraulic Fracturing Technology Conference，2016.

［8］ Hegde C，Wallace S，Gray K.Using trees，bagging，and random forests to predict rate of penetration during drilling［J］. Society of Petroleum Engineers，2015，12（7）：47-55.

［9］ Korjani M，Popa A，Grijalva，et al.A new approach to reservoir characterization using deep learning neural networks［C］. Society of Petrdeum Engineers，2016.

［10］ Wilson A.Enhancing well-work efficiency with data mining and predictive analytics［C］. Society of Petroleum Engineers，2015.

［11］ Aliyuda K，Howell J，Humphrey E.Impact of geological variables in controlling oil-reservoir performance：an insight from a machine-learning technique［C］. Society of Petroleum Engineers，2020.

［12］ Unrau S，Torrione，P.Adaptive real-time machine learning-based alarm system for influx and loss detection［C］.Society of Petroleum Engineers，2017.

［13］ Nasir E，Rickabaugh C. Optimizing drilling parameters using a random forests ROP model in the permian basin［C］. SPE Liquids-Rich Basins Conference-North America，2018.

［14］ Akinnikawe O，Lyne S，Roberts J.Synthetic well log generation using machine learning techniques［C］. Unconventional Resources Technology Conference，2018.

第四章　三压力三维评价技术

准确的三压力预测是预防井漏的基础和前提，基于预测结果有针对性地优化钻井液密度，可有效防止钻井液漏失。本章创新构建了三压力三维评价技术路径，建立了单井地应力大小与三压力预测模型，对长宁区块三压力三维展布进行了预测，在此基础上优化了钻井液密度窗口，为长宁区块防漏奠定了基础。

第一节　三压力三维评价技术路径

基于三维地震数据体、单井测井数据及地质钻井等信息资料，综合三维建模、实验测试、单井测井综合解释等方法，构建科学准确的单井地应力大小与三压力测井解释剖面，结合三维地质模型，构建研究工区测井响应（声波时差、自然伽马、密度等）、力学属性（弹性参数、力学强度）、地应力大小与方向、坍塌压力、孔隙压力与漏失压力三维展布剖

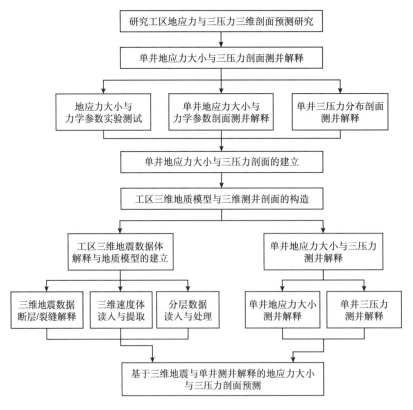

图 4-1　三压力三维评价技术路线

面。首先，基于室内地应力大小与力学性能实验数据、现场溢漏塌复杂工程信息，利用单井测井数据建立单井地应力大小与三压力纵向分布剖面；其次，基于三维叠后反演数据体、层速度体、分层解释数据、断层解释数据等，结合单井声波测井与力学属性解释结果，建立研究工区三维地质模型、声波速度与力学属性模型；最后，基于溢漏塌复杂地层作用机理、异常高压形成机制等，分层优选坍塌压力、孔隙压力与漏失压力理论模型，分层预测三压力分布剖面，构建研究工区地应力大小与方向三维分布剖面。研究技术路线如图 4-1 所示。

第二节　单井地应力大小与三压力预测模型建立

一、地应力大小预测模型与优选

以弹性力学理论为基础，经过一定的假设条件和边界条件可以推演出用于计算地下原地应力的数学模型，用地球物理测井信息（包括声波全波列和密度等）确定模型参数，对地应力进行连续计算与分析。国内外学者在地应力大小预测方面开展了大量的工作。到目前为止，国内外专家学者提出了数十种地应力测量方法[1-2]，每种方法的原理均存在差异。结合测量方法可分为绝对应力测量和相对应力测量两种类别。绝对应力测量可分为直接测量法和间接测量法，直接测量法包括水力压裂法、声发射法、地质测绘法等，间接测量法包括套芯应力解除法、应力恢复法、X 射线法、地质构造信息法、滞弹性恢复法等。相对应力测量法包括钻孔应变测量法、差应变曲线分析法、差波速分析法等。另外，不同的构造地层地应力大小计算模型存在差异，应结合评价区块构造地层特征选择合理的地应力大小计算模型[3-7]。

1. 垂向地应力

根据密度测井资料计算由岩石自重产生的垂向地应力大小。

$$\sigma_v = \int_0^H \rho(h) \times g \times dh \quad (4-1)$$

2. 水平地应力大小

计算水平地应力时，存在两种情况：一种假设最大水平地应力和最小水平地应力相等，第二种假设最大水平地应力和最小水平地应力不相等。第一种情况包括金尼克公式和马特维尔—凯利公式，第二种包括了黄氏模型、弹簧模型等。

金尼克公式如下：

$$\sigma_H = \sigma_h = \frac{\mu}{1-\mu}\sigma_v \quad (4-2)$$

马特维尔—凯利公式如下：

$$\sigma_H - p_p = \sigma_h - p_p = \frac{\mu}{1-\mu}(\sigma_v - p_p) \quad (4-3)$$

黄氏模型：该模型考虑了构造应力的影响，但是没有考虑岩性变化对地层应力的影响，适用于平缓的地层，其模型如下：

$$\sigma_{\mathrm{H}} = \left(\frac{\mu_{\mathrm{s}}}{1-\mu_{\mathrm{s}}} + str_1 \right)\left(\sigma_{\mathrm{v}} - \alpha p_{\mathrm{p}} \right) + \alpha p_{\mathrm{p}} \tag{4-4}$$

$$\sigma_{\mathrm{h}} = \left(\frac{\mu_{\mathrm{s}}}{1-\mu_{\mathrm{s}}} + str_2 \right)\left(\sigma_{\mathrm{v}} - \alpha p_{\mathrm{p}} \right) + \alpha p_{\mathrm{p}} \tag{4-5}$$

式中：σ_{v}，σ_{H}，σ_{h} 分别为垂向地应力、水平最大地应力、水平最小地应力，MPa；ρ 为密度，$\mathrm{g/cm^3}$；h 为地层厚度，m；H 为深度，m；μ 为泊松比；α 为有效应力系数；p_{p} 为孔隙压力，MPa；μ_{s} 为静泊松比；g 为重力加速度，$\mathrm{m/s^2}$；str_1，str_2 为构造校正量，必须分段考虑。

弹簧模型：该模型假设岩石为均质、各向同性的线弹性体，并假定在沉积后期地质构造运动过程中，地层和地层之间不发生相对位移，所有地层两水平方向的应变均为常数。由广义胡克定律得：

$$\sigma_{\mathrm{h}} = \frac{\mu}{1-\mu}\left(\sigma_{\mathrm{v}} - \alpha p_{\mathrm{p}} \right) + \frac{E\xi_{\mathrm{h}}}{1-\mu^2} + \frac{\mu E\xi_{\mathrm{H}}}{1-\mu^2} + \alpha p_{\mathrm{p}} \tag{4-6}$$

$$\sigma_{\mathrm{H}} = \frac{\mu}{1-\mu}\left(\sigma_{\mathrm{v}} - \alpha p_{\mathrm{p}} \right) + \frac{E\xi_{\mathrm{H}}}{1-\mu^2} + \frac{\mu E\xi_{\mathrm{h}}}{1-\mu^2} + \alpha p_{\mathrm{p}} \tag{4-7}$$

式中：ξ_{h}，ξ_{H} 分别为最小水平主应力和最大水平主应力方向的应变，在同一断块内为常数；E 为杨氏模量，MPa。此经验关系式把受力的地层比喻为 2 个平行板之间的一组弹簧，具有不同刚度的弹簧代表具有不同弹性参数的地层。当两板受到力的作用时，只发生横向位移不发生偏转，从而使各弹簧的水平位移相等，当刚度够大的弹簧受到较大的应力，即杨氏模量大的地层承受较高的应力。

倾斜地层模型：大多数地层为倾斜地层，具有一定的倾角和倾向，考虑地层倾角和倾向的地应力计算模型为：

$$\sigma_{\mathrm{H}} = \left(\frac{\mu}{1-\mu} + A \right)\left[\left(\sigma_{\mathrm{v}} - \alpha p_{\mathrm{p}} \right)\cos\varphi \right] + \left(\sigma_{\mathrm{v}} - \alpha p_{\mathrm{p}} \right)\sin\varphi\cos\varphi\left(\beta - \beta_0 \right) + \alpha p_{\mathrm{p}} \tag{4-8}$$

$$\sigma_{\mathrm{h}} = \left(\frac{\mu}{1-\mu} + B \right)\left[\left(\sigma_{\mathrm{v}} - \alpha p_{\mathrm{p}} \right)\cos\varphi \right] + \left(\sigma_{\mathrm{v}} - \alpha p_{\mathrm{p}} \right)\sin\varphi\cos\varphi\left(\beta - \beta_0 \right) + \alpha p_{\mathrm{p}} \tag{4-9}$$

式中：φ 为地层倾角，β 为正北方向与倾向的夹角（顺时针）；A，B 为构造应力系数；β_0 为最大水平地应力的方位角。

多孔弹性水平应变模型：该模型为水平应力估算中最常用的模型，它以三维弹性理论为基础：

$$\sigma_{\mathrm{h}} = \frac{\mu}{1-\mu}\sigma_{\mathrm{v}} - \frac{\mu}{1-\mu}\alpha_{\mathrm{vert}}p_{\mathrm{p}} + \alpha_{\mathrm{hor}}p_{\mathrm{p}} + \frac{E}{1-\mu^2}\xi_{\mathrm{h}} + \frac{\mu E}{1-\mu^2}\xi_{\mathrm{H}} \tag{4-10}$$

$$\sigma_{\mathrm{H}} = \frac{\mu}{1-\mu}\sigma_{\mathrm{v}} - \frac{\mu}{1-\mu}\alpha_{\mathrm{vert}}p_{\mathrm{p}} + \alpha_{\mathrm{hor}}p_{\mathrm{p}} + \frac{E}{1-\mu^2}\xi_{\mathrm{H}} + \frac{\mu E}{1-\mu^2}\xi_{\mathrm{h}} \tag{4-11}$$

式中：α_{vert} 为垂直方向的有效应力系数（Biot 系数）；α_{hor} 为水平方向的有效应力系数（Biot 系数）。

分层地应力计算模型：葛洪魁等在 1996 年提出了分层地应力的经验公式，分为水力压裂垂直缝和水平缝两组经验公式：

当水力压裂为垂直缝时：

$$\sigma_{\mathrm{H}} = \frac{\mu}{1-\mu}\left(\sigma_{\mathrm{v}} - \alpha p_{\mathrm{p}}\right) + K_{\mathrm{H}}\frac{EH}{1+\mu} + \frac{\alpha_{\mathrm{T}}E\Delta T}{1-\mu} \tag{4-12}$$

$$\sigma_{\mathrm{h}} = \frac{\mu}{1-\mu}\left(\sigma_{\mathrm{v}} - \alpha p_{\mathrm{p}}\right) + K_{\mathrm{h}}\frac{EH}{1+\mu} + \frac{\alpha_{\mathrm{T}}E\Delta T}{1-\mu} \tag{4-13}$$

当水力压裂缝为水平缝时：

$$\sigma_{\mathrm{H}} = \frac{\mu}{1-\mu}\left(\sigma_{\mathrm{v}} - \alpha p_{\mathrm{p}}\right) + K_{\mathrm{H}}\frac{EH}{1+\mu} + \frac{\alpha_{\mathrm{T}}E\Delta T}{1-\mu} + \Delta\sigma_{\mathrm{H}} \tag{4-14}$$

$$\sigma_{\mathrm{h}} = \frac{\mu}{1-\mu}\left(\sigma_{\mathrm{v}} - \alpha p_{\mathrm{p}}\right) + K_{\mathrm{h}}\frac{EH}{1+\mu} + \frac{\alpha_{\mathrm{T}}E\Delta T}{1-\mu} + \Delta\sigma_{\mathrm{h}} \tag{4-15}$$

式中：K_{H}，K_{h} 为地应力系数；α_{T} 为温度引起的膨胀系数。

二、地层孔隙压力预测模型与优选

地层孔隙压力是指地层孔隙和缝洞中的流体（水、油、气）所具有的压力，亦称孔隙压力。在石油地质中一般称为地层压力，在油气田开发中用储层压力或储层孔隙压力来特指油气储层中的平均地层孔隙压力[8-9]。在正常地质环境中，地层正常压实，认为地层孔隙连通至地表，地层孔隙压力等于该处地层的静水压力，称为正常地层孔隙压力。因此，正常地层孔隙压力大小与地下流体的性质有关。在某些特殊的地质环境中，经常遇到地层孔隙压力高于或低于静水压力的情况，称为异常地层孔隙压力。高于静水压力的地层孔隙压力称为异常高压或超压；低于静水压力的地层孔隙压力称为异常低压或欠压。在地质学上常用剩余压力 p_{ex} 表示地层超压的程度。剩余压力等于地层某深度处实际的地层孔隙压力与该深度处对应的静水压力（正常地层孔隙压力）的差值。

$$p_{\mathrm{ex}} = p_{\mathrm{p}} - p_{\mathrm{h}} \tag{4-16}$$

式中：p_{ex} 为剩余压力，MPa；p_{p} 为地层孔隙压力，MPa；p_{h} 为静水压力，MPa。

1. 有效应力法

Forster 和 Whalen 于 1966 年利用有效应力定理计算地层压力，并提出用当量深度的方法计算垂直有效应力，这就是所谓的"等效深度法"。如果正常压实趋势线上某一点的时差值与异常压力带上某一点的时差值相同，则表明这两点压实程度相同，具有等效性，与异常高压点的时差值相等的正常趋势线上对应的深度即为等效深度。

假设在所研究层段范围内，当地层孔隙度相同时，其岩石骨架所受的垂直有效应力 σ_{ew} 也相等。在目的层 A 点，深度为 h_A，垂直有效应力为 σ_{evA}，孔隙度为 ϕ_A。在正常压实层段内，与孔隙度 ϕ_A 相等的 B 点，深度为 h_B，孔隙度为 ϕ_B，垂直有效应力为 σ_{evB}，根据等效深度的定义，则有：

$$\phi_A = \phi_B \tag{4-17}$$

$$\sigma_{evA} = \sigma_{evB} \tag{4-18}$$

深度 h_n 为等效深度。由有效地应力定理可得，因在 B 点有：

$$p_{PA} = p_{OA} - \sigma_{OA} = p_{OA} - \sigma_{evB} \tag{4-19}$$

则

$$\sigma_{evB} = p_{OB} - p_{PB} \tag{4-20}$$

$$p_{PA} = p_{OA} - (p_{OB} - p_{PB}) \tag{4-21}$$

因 B 点在正常压实趋势线上，故：

$$p_{PB} = \rho_{WB} \cdot g \cdot h_n \tag{4-22}$$

式中：p_{OA} 和 p_{OB} 分别为 A 点和 B 点的上覆岩层压力，MPa；p_{PA} 和 p_{PB} 分别为 A 点和 B 点的地层孔隙压力，MPa；ρ_{WB} 为 B 点深度地层水密度，g/cm³。若用压力梯度表示，则有：

$$G_{PA} = G_{OA} - (G_{OB} - G_{hB})\left(\frac{h_n}{h_A}\right) \tag{4-23}$$

式中：G_{OA} 和 G_{OB} 分别为 A 点和 B 点的上覆岩层压力梯度，MPa/m；G_{PA} 为 A 点的地层孔隙压力梯度，MPa/m；G_{hB} 为 B 点的静液压力梯度，MPa/m。

等效深度的求法如下。正常压实趋势线关系式为：

$$\Delta t = \Delta t_0 e^{-ch_n} \tag{4-24}$$

两边取对数为：

$$\ln \Delta t = \ln \Delta t_0 - ch_n \tag{4-25}$$

则等效深度为：

$$h_\text{n} = \frac{1/c}{\ln \Delta t_0 - \ln \Delta t}$$ （4-26）

最后利用有效应力定理便可求得地层孔隙压力。

2. 泥岩密度法

1969 年 Maffhews 和 Keelley 提出了利用密度测井资料的"泥岩密度法"。该方法通过随钻测量泥岩岩屑的密度，可实现随钻监测地层压力。

3. Eaton 法

1972 年 Eaton 等[10]根据墨西哥湾等地区经验及测井方法在实验研究的基础上建立了 Eaton 法，Eaton 公式主要有基于声波时差、电阻率和钻井 d_c 指数等几种表达形式：

$$p_\text{p} = \sigma_\text{V} - \left(\sigma_\text{V} - p_\text{pn} \right) \times \left(\frac{\Delta t_\text{c正常值}}{\Delta t_\text{c实测值}} \right)^3$$ （4-27）

$$p_\text{p} = \sigma_\text{V} - \left(\sigma_\text{V} - p_\text{pn} \right) \times \left(\frac{R_\text{c正常值}}{R_\text{c实测值}} \right)^{1.2}$$ （4-28）

$$p_\text{p} = \sigma_\text{V} - \left(\sigma_\text{V} - p_\text{pn} \right) \times \left(\frac{d_\text{c正常值}}{d_\text{c实测值}} \right)^{1.2}$$ （4-29）

式中：p_p 为地层压力，MPa；Δt_c 为声波纵波时差，μs/ft；R_t 为电阻率，$\Omega \cdot$m；p_pn 为正常地层孔隙流体压力，MPa；σ_v 为上覆岩层压力，MPa。其中声波时差和电阻率正常值为正常压实趋势线上的预测值。

Eaton 基于声波时差的预测模型被应用较多，之后的研究人员根据不同地区的经验公式，将基于声波时差测井资料的孔隙压力预测经验公式拓展为：

$$p_\text{p} = \sigma_\text{V} - \left(\sigma_\text{V} - p_\text{pn} \right) \left(\frac{\Delta t_\text{c正常值}}{\Delta t_\text{c实测值}} \right)^c$$ （4-30）

式中：c 为实验系数，可由实测孔隙压力资料统计分析得到，通常具有区域性。

4. 地层孔隙压力预测新方法

20 世纪 90 年代地层孔隙压力预测方法有了进一步发展，摒除了传统方法仅限于泥岩地层孔隙压力预测，地层孔隙压力预测新方法应用范围拓宽，适合于不同形成机制的异常高压地层压力预测。地层孔隙压力预测方法的理论基础为 Terzaghi 有效应力理论，地层孔隙压力等于上覆地层压力与垂直有效应力之差，上覆地层压力可用密度测井资料获得，设法构建垂直有效应力即可计算地层孔隙压力。

1995 年 Bowers 提出了沉积压实加载曲线方程：

$$v = 5000 + A\left[\sigma_{\max}\left(\frac{\sigma_{ev}}{\sigma_{\max}}\right)^{\frac{1}{U}}\right]^{B} \tag{4-31}$$

$$\sigma_{\max} = \left(\frac{v_{\max} - 5000}{A}\right)^{\frac{1}{B}} \tag{4-32}$$

式中：v 为泥岩声波速度，m/μs；σ_{ev} 为垂向有效应力，MPa；$\sigma_{\max}$ 为卸载开始时最大垂直有效应力，MPa；$v_{\max}$ 为卸载开始时最大垂直有效应力对应的声波速度，m/μs；U 为泥岩弹塑性系数；A，B 为相关系数，可由 Bowers 原始加载曲线 $v = A\sigma_{ev}^{B} + C$ 回归确定。

求取系数 A，B 时，利用 Eaton 法计算得到储层孔隙压力 p_p 及上覆岩层压力 p_{ov}，通过公式 $p_p - p_{ov}$ 即可求得有效应力，利用有效应力及泥岩声波速度回归得到 A，B。

1995 年樊洪海构建了泥质沉积物的声波速度与垂直有效应力的函数关系：

$$v = a + b\sigma_{ev} - ce^{-d\sigma_{ev}} \tag{4-33}$$

塔里木油田塔西南地区某地层声波速度与地层垂直有效应力之间的关系为：

$$v = 4.93 + 1.02\sigma_{ev} - 2.75e^{-3\sigma_{ev}} \tag{4-34}$$

Han 与 Eberhart-Phillips 则提出了利用多种测井资料预测地层孔隙压力的综合解释方法模型：

$$v = 5.77 - 6.94\phi - 1.73\sqrt{v_{sh}} + 0.446\left(\sigma_{ev} - e^{-16.7\sigma_{ev}}\right) \tag{4-35}$$

式中：v_{sh} 为泥岩声波速度，μs/ft。

Fillippone 等构建了地层压力直接计算方法：

$$p_p = \frac{v_{\max} - v_{int}}{v_{\max} - v_{\min}} \times p_{ov} \tag{4-36}$$

式中：p_p 为地层孔隙压力，MPa，$v_{\min}$ 为岩石刚性接近于零时的地层纵波速度，近似于孔隙流体速度，m/s；$v_{\max}$ 为岩石孔隙层接近于零时的纵波速度，近似于基质速度，m/s；v_{int} 为第 i 层的地震层速度，m/s；p_{ov} 为上覆地层压力，MPa。

截至目前，地层孔隙压力预测方法较多，且方法构建机理差异性明显，需要结合地层岩性特征、异常高压形成机制优选科学合理的预测方法，同时，利用现场溢漏塌与地层压力实测数据校准预测剖面，建立较为科学、合理、准确的地层压力二维、三维展布剖面。

三、地层坍塌压力预测模型与优选

1. 库仑—摩尔准则

库仑—摩尔准则认为，剪切面上的剪应力 f 大于岩石的固有剪切强度 S_0 值加上作用于剪切面上的摩擦阻力 f_e，即：

$$|f| \geqslant f_e + S_0 \tag{4-37}$$

在斜井中，地层的破坏和破裂是发生在 θ-z 平面上（在井眼圆柱坐标系中，取井眼轴线为 z 轴），e_r 是一个主应力，斜井壁面为一个主应力平面。由于 $f_{\theta z}\neq0$，因而 e_z 和 e_θ 就不是两个主应力。此时的主应力应为：

$$e_1^{\mathrm{m}} = \frac{e_z + e_\theta}{2} + \left(\frac{e_z + e_\theta}{2}\right)^2 + f_{\theta z}^2 \qquad (4-38)$$

$$e_2^{\mathrm{m}} = \frac{e_z + e_\theta}{2} + \left(\frac{e_z + e_\theta}{2}\right)^2 + f_{\theta z}^2 \qquad (4-39)$$

$$e_r = p_{\mathrm{w}} \, (\text{不渗透性井壁}) \qquad (4-40)$$

$$e_r = p_{\mathrm{w}} - H_1\left(p_{\mathrm{w}} - p_{\mathrm{p}}\right)(\text{不渗透性井壁}) \qquad (4-41)$$

式中：p_{w} 为液柱压力，MPa；H_1 为渗透性系数。

两个主应力与 e_z 的夹角为：

$$V_1 = \frac{1}{2}\arctan\frac{2f_{\theta z}}{e_\theta - e_z} \qquad (4-42)$$

$$V_2 = \frac{\pi}{2} + \frac{1}{2}\arctan\frac{2f_{\theta z}}{e_\theta - e_z} \qquad (4-43)$$

显然，e_1^{m} 和 e_2^{m} 是井周位置角 θ 的函数，且与井斜角、方位角有关。据此，可以推出井壁发生剪切破坏的条件为：

$$\frac{1}{2}(e_1 - e_3)\sin 2U \geqslant S_0 + f\left[\frac{1}{2}(e_1 - e_3) + \frac{1}{2}(e_1 - e_3)\cos 2U\right] \qquad (4-44)$$

式中：e_1 为最大主应力，e_3 为最小主应力；U 为剪切面与最小主应力 e_3 之间的夹角，即剪切面的法线方向与最大主应力 e_1 的夹角。

库仑—摩尔准则只考虑了最大主应力和最小主应力的作用，而忽略了中间主应力的作用。

2.Drucker–Prager 准则

Drucker–Prager 准则的标准表达式为：

$$e_{\mathrm{C1}} = J_2 + TJ_1^{\mathrm{ef}} + k \leqslant 0 \qquad (4-45)$$

$$J_1^{\mathrm{ef}} = \frac{e_{rr} + e_{\theta\theta} + e_{zz}}{3} - p\left(r, t\right) \qquad (4-46)$$

$$J_2 = \frac{1}{6}\left[\left(e_{rr} - e_{\theta\theta} \right)^2 + \left(e_{\theta\theta} - e_{zz} \right)^2 + \left(e_{zz} - e_{rr} \right)^2 \right] + e_{r\theta}^2 + e_{rz}^2 + e_{rz}^2 \qquad (4\text{-}47)$$

式中：T 为孔隙弹性常数；k 为材料参数；e_{C1} 为有效坍塌应力，MPa；J_1^{ef} 为有效平均应力，MPa；J_2 为第二偏应力张量不变量；e_{rr}、$e_{\theta\theta}$、e_{zz}、$e_{r\theta}$、$e_{\theta z}$、e_{rz} 为柱坐标下地层应力分量，MPa。

由式（4-45）至式（4-47）可以看出，剪应力 J_2 并不受孔隙压力的影响，而有效平均应力 J_1^{ef} 则受到孔隙压力的显著影响，当孔隙压力降低时，J_1^{ef} 降低，e_{C1} 也很有可能等于零，也就是说，岩石更容易屈服或破坏。从这个意义上讲，为了保证井壁岩层稳定，孔隙压力的大小应严格控制（即控制井筒流体与地层流体间的流动）。

3. 能量准则

能量准则假设材料破坏极限状态由其受到压缩后积累的能量决定，迄今为止，已经有很多基于能量破坏准则的案例用于描述岩石的真三轴力学行为。本节选择最简单的能量准则，设当 $\sigma_3=0$ 时有：

$$\frac{1}{2}\left(\sigma_1\varepsilon_1 + \sigma_2\varepsilon_2 \right) = \frac{\sigma_1^2 + \sigma_2^2\, 2V\sigma_1\sigma_2}{\partial E} = W \qquad (4\text{-}48)$$

式中：W 为材料达到临界状态时的应变能。

变换形式后可得：

$$\sqrt{\sigma_1^2 + \sigma_2^2 - 2V\sigma_1\sigma_2} = C_2 \qquad (4\text{-}49)$$

式中：C_2 为与材料性质相关的常数。

该准则在坐标系中为一条关于 $\sigma_2=\sigma_1$ 对称的曲线，其边界条件为当 $\sigma_1=0$ 时，σ_2 等于单轴抗压强度。

四、地层漏失压力预测模型与优选

1. 漏失类型

研究漏失压力必须明确钻井液漏失机理。从钻井液漏失产生机理出发，漏失分为（图4-2）：（1）压裂性漏失，井筒裸露地层为完整地层或仅存闭合裂缝的地层，钻井过程中因井筒压力过大，使地层破裂或裂缝开启，产生人工诱导裂缝，导致钻井液漏失；（2）裂缝扩展性漏失，井筒裸露地层存在开度较小的非致漏天然裂缝，在压力、温度、流体流动等作用下逐渐变宽，最终形成致漏裂缝而漏失；（3）大型裂缝溶洞性漏失，井筒裸露地层裂缝和溶洞发育，引起漏失通道尺寸变大，钻井液可在压差作用下自由流入地层。

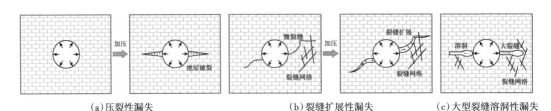

(a) 压裂性漏失　　　　　　　　(b) 裂缝扩展性漏失　　　　　(c) 大型裂缝溶洞性漏失

图 4-2　漏失类型

2. 破裂压力与漏失压力

破裂压力已经广泛地用于钻井液安全密度设计，是钻井工程设计的基础数据之一。破裂压力一词源于水力压裂，在钻井工程中一直沿用至今。狭义的破裂压力是指完整地层在外力作用下产生裂缝的压力。广义的破裂压力是指地层在外力作用下使其破裂或原有裂缝重新开启的压力。漏失压力是指钻井液开始进入地层时的地层压力，不仅针对完整地层，也包含非完整地层。可见，漏失压力更具有包容性，比破裂压力的使用范围广。钻井液密度设计是为了使钻井安全，故使用漏失压力（即安全密度窗口上限值）更为合适。

地层破裂必然会引起漏失，但并不是所有的漏失都是地层破裂引起的。低渗透地层的井壁破裂或闭合裂缝的开启都属于破裂压力的范畴。而对于高渗透地层的自然漏失，与破裂压力无关，只与工程允许漏失量所对应的漏失压力有关，故破裂压力只属于压裂性漏失的范畴，不包含裂缝扩展性漏失及大型裂缝溶洞性漏失。

3. 漏失压力模型

压裂性漏失的漏失压力可认为近似等于破裂压力。根据线弹性力学理论及平面应变假设，可以得到垂直井眼的破裂压力为：

$$p'_{l_1} = \sigma_h - \sigma_H + S_t - \alpha p_p \tag{4-50}$$

式中：p'_{l_1} 为破裂压力，MPa；σ_H 为最大水平主地应力，MPa；σ_h 为最小水平主地应力，MPa；S_t 为岩石抗拉强度，MPa；α 为有效应力系数；p_p 为地层压力，MPa。

当裂缝起裂压力大于裂缝延伸压力（即满足 $\sigma_H < 2\sigma_h - \alpha p_p$）时，裂缝才会持续延伸而导致钻井液漏失，此时漏失压力等于裂缝起裂压力。

漏失发生时裂缝传播距离较短，缝内压力损失可以忽略，则裂缝延伸压力为：

$$p''_{l_1} = \sigma_h + S_t \tag{4-51}$$

式中：p''_{l_1} 为裂缝延伸压力，MPa。

漏失是地层和钻井液共同作用的结果，漏失压力应该反映这一作用机理。Aadnoy 等认为地层产生人工裂缝后，钻井液漏失还需要克服滤饼的抗拉强度，并通过实验得到滤饼抗拉强度公式为：

$$\sigma_t = \frac{2\sigma_y}{\sqrt{3}} \ln\left(1 + \frac{t}{r_w}\right) \tag{4-52}$$

式中：σ_t 为滤饼的抗拉强度，MPa；σ_y 为颗粒屈服应力，MPa；t 为滤饼厚度，mm；r_w 为井眼半径，mm。

如果考虑井壁滤饼的作用，可以得到垂直井眼的破裂压力公式为：

$$p'''_{l_1} = 3\sigma_h - \sigma_H + \frac{2\sigma_y}{\sqrt{3}} \ln\left(1 + \frac{t}{r_w}\right) - \alpha p_p \tag{4-53}$$

式中：p'''_{l_1} 为考虑滤饼作用后的地层破裂压力，MPa。

假设裂缝变形符合幂函数形式，钻井液在裂缝中流动符合立方定律，可以得到裂缝宽度与有效应力的关系，即：

$$w = w_0 \left\{ A \left[\left(\frac{\sigma}{\sigma_0} \right)^a + 1 \right] \right\}^{-1}$$ （4-54）

式中：w 为裂缝动态宽度，mm；w_0 为井筒压力等于地层压力时的裂缝宽度，mm；σ 为垂直裂缝面的有效应力，MPa；σ_0 为井筒压力等于地层压力时垂直裂缝面的有效应力，MPa；A 和 a 为待定系数。

如果地层压力、裂缝产状、井眼尺寸、井眼轨迹、岩石力学性能等参数已知，通过经典力学理论或数值模拟等手段，就可以求得井筒液柱压力与裂缝面的有效正应力的关系。以单条垂直缝为例，忽略井筒周围的应力集中后，可以推导得到：

$$\sigma = \sigma_{\mathrm{h}} - p_{\mathrm{f}}$$ （4-55）

式中：p_{f} 为井筒有效液柱压力，MPa。

联立式（4-54）和式（4-55）可得裂缝动态宽度与钻井液液柱压力的关系，即：

$$w = w_0 \left\{ A \left[\left(\frac{\sigma_{\mathrm{h}} - p_{\mathrm{f}}}{\sigma_{\mathrm{h}} - p_{\mathrm{p}}} \right)^a + 1 \right] \right\}^{-1}$$ （4-56）

由式（4-56）可以看出，井筒有效液柱压力增加，裂缝宽度相应增加。当裂缝宽度大于临界裂缝宽度时，钻井液发生漏失，进而可以求得裂缝增加到临界裂缝宽度时的漏失压力：

$$p_{l_2} = \sigma_{\mathrm{h}} - \left(\frac{w_0}{A w_{\mathrm{c}}} - 1 \right)^{\frac{1}{a}} \left(\sigma_{\mathrm{h}} - p_{\mathrm{p}} \right)$$ （4-57）

式中：p_{l_2} 为裂缝扩展压力，MPa；w_{c} 为临界裂缝宽度，mm。

对于大型裂缝溶洞性地层，漏失通道尺寸较大，钻井液很容易进入地层，漏失只须克服钻井流体在缝洞系统中的流动阻力，故此类漏失的漏失压力为：

$$p_{l_3} = p_{\mathrm{p}} + p_{\mathrm{s}}$$ （4-58）

式中：p_{l_3} 为大型裂缝溶洞性漏失压力，MPa；p_{s} 为压力损耗，MPa。连通的缝洞层有一定的厚度，如果钻井液和地层流体之间存在密度差，在重力作用下就会发生钻井液与地层流体的置换，即置换性漏失。此时，该地层的漏失压力可修正为

$$p'_{l_3} = \frac{\left(p'_{\mathrm{p}} + \frac{1}{2} \rho g h + p'_{\mathrm{s}} \right) H}{H + \frac{1}{2} h}$$ （4-59）

式中：p_{l_3}' 为考虑置换性漏失的漏失压力，MPa；p_p' 为缝洞层中部地层压力，MPa；ρ 为地层流体密度，g/cm^3；H 为缝洞层中部深度，m；h 为缝洞层厚度，m；g 为重力加速度，取 0.981m/s^2；p_s' 为缝洞层底部漏失的压力损耗，MPa。

地层压力和压力损耗是漏失压力的主要组成部分。因地层漏失通道发育，钻井液的黏度和切力又有一定的要求，压力损耗通常比较低，钻井液漏失压力与地层压力十分接近。再加上置换性漏失的存在，如果压力控制不当就会出现漏喷同层。

五、重点井区单井地应力大小与三压力分布剖面预测

综合长宁区块地应力与岩石力学参数试验数据、溢漏塌工程信息与单井常规测井数据等，基于不同岩性地层溢漏塌作用机理与主要影响因素，优选了地层地应力、坍塌压力、孔隙压力与漏失压力预测模型，预测了单井地层地应力大小与三压力分布剖面（图 4-3 至图 4-10）。基于单井三压力分布剖面，可以优化设计井身结构、工程参数设计等。

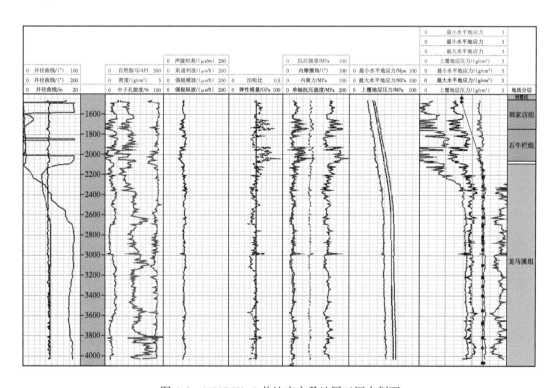

图 4-3 N20BH2-5 井地应力及地层三压力剖面

对比分析长宁井区单井地应力大小与三压力分布剖面，长宁井区地应力多为走滑断层类地应力，最大水平地应力略大于上覆地层压力，最小水平地应力最小。不同构造位置点地应力大小差异性明显，构造高部位地应力低、低部位地应力高。同时，对比了现场钻井液密度与地层孔隙压力，现场钻井液密度通常大于地层孔隙压力梯度，略低于地层最小水平地应力梯度，部分井钻井液密度高于最小水平地应力梯度。对于三开井段韩家店组、石牛栏组与龙马溪组而言，地层发育有断层与裂缝，断层与裂缝是诱发三开井段井漏复杂的主要原因，张开型裂缝为压差性漏失，漏失压力与地层孔隙压力相当，当井底有效液

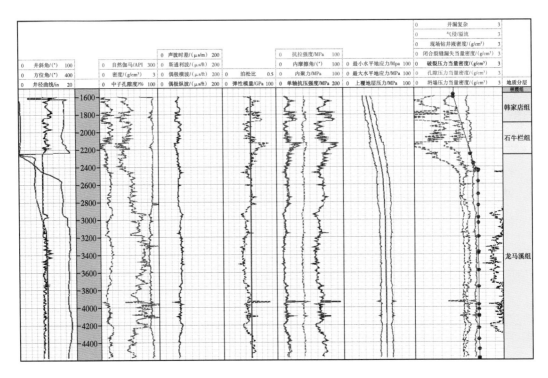

图 4-4　N20BH3-4 井地应力及地层三压力剖面

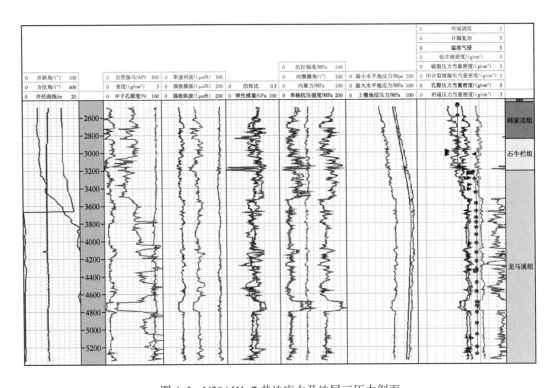

图 4-5　N20AH1-7 井地应力及地层三压力剖面

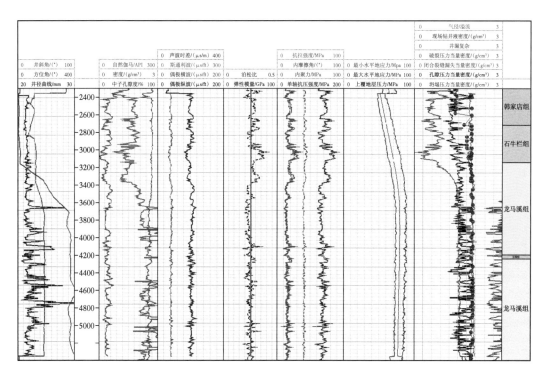

图 4-6　N20AH6-1 井地应力及地层三压力剖面

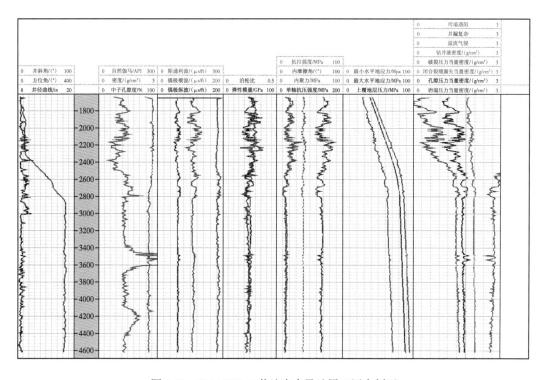

图 4-7　N20AH66-2 井地应力及地层三压力剖面

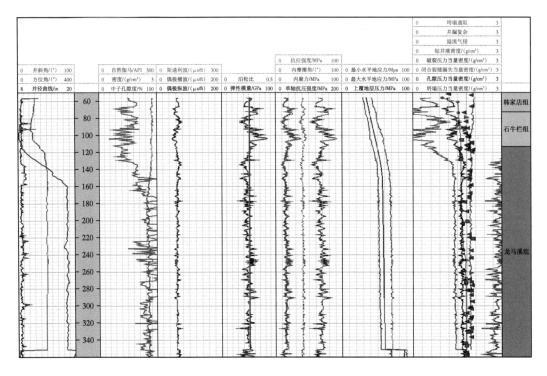

图 4-8　N21CH1-2 井地应力及地层三压力剖面

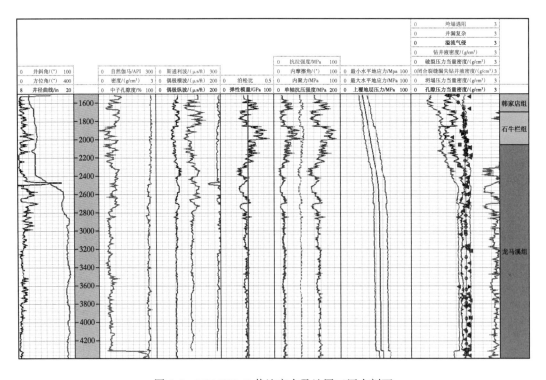

图 4-9　N21CH2-7 井地应力及地层三压力剖面

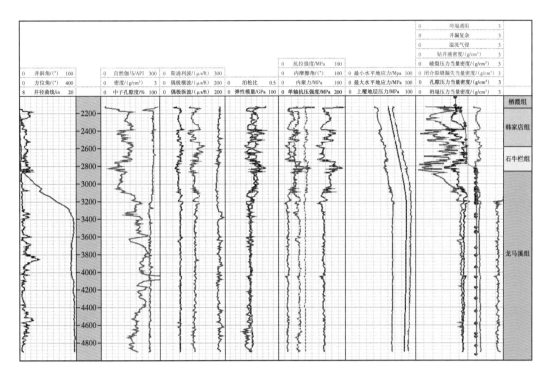

图 4-10 N23F 井应力及地层压力剖面图

柱压力高于地层孔隙压力时，便可诱发张开型裂缝井漏，若井底有效液柱压力过高，会导致闭合裂缝开裂延伸，则会引发闭合裂缝井漏。对于三开井段需要结合地层孔隙压力，尽量降低钻井液密度，有效降低井筒液柱压力与地层压力之间的差值，降低井漏复杂风险。

第三节 三压力三维展布预测及钻井液密度窗口优化建议

一、龙马溪组地层地应力大小与三压力三维展布预测方法

利用地震解释层位，建立目标地层三维地质体作为数据载体，利用地质统计学原理在地层数据的约束下，进行井间插值得到井区区域地应力大小与岩石力学参数三维展布。

1. 目标区块地质层位解释与模型建立

作为信息载体的三维地质模型的构建至关重要，三维地质模型的建立主要基于从地震数据体中解释出的地质层位数据，利用解释数据遵循"从线到面再到体"的建模流程。

地震解释的任务是在现代理论的指导下，应用先进的解释技术，集合各类数据，最大限度地从地震数据中获取地质信息，服务于油气勘探、开发、生产，乃至油田（藏）的管理。本节中地震解释的主要任务就是从地震数据体中获取川南某区块的地质层位信息，为下一步的三维地质建模打好数据基础。

图 4-11 为放置于地震解释窗口的待解释地震数据。在此基础上要对目标层位进行识别标定，进而利用地震解释软件的三维自动追踪进行整个地震数据体的层位解释。

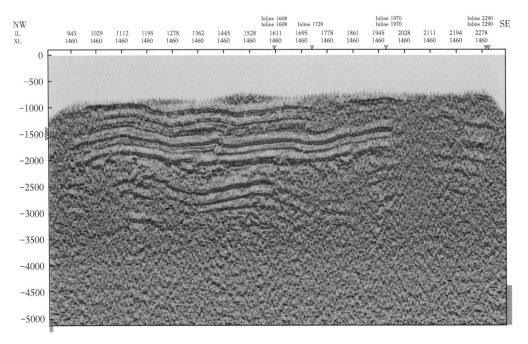

图 4-11　地震解释界面

　　图 4-12 为进行层位标定后的地震解释界面，本次地震解释主要解释以下三个目标层位：龙潭组底（P_{2l}）、梁山组底（P_{1l}）和五峰组底（O_{3w}），在图 4-12 中分别以橙、蓝、绿三种颜色标注。给予软件地震解释模块标定的层位即种子点后，通过软件的三维自动追踪技术

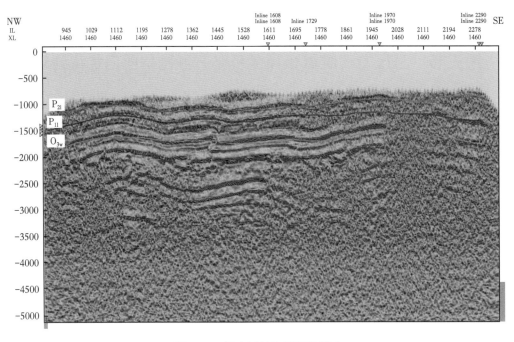

图 4-12　标定后的地震解释界面

得到三个目标层位的初步解释结果，如图 4-13 至图 4-15 所示，此时的解释结果是由无数条线组成并非实际意义上的面。

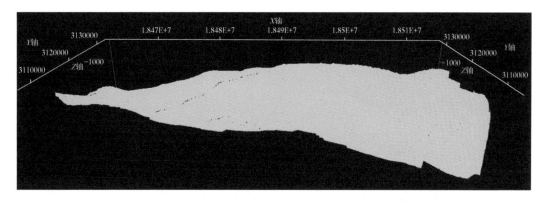

图 4-13　龙潭组底层位初步解释成果

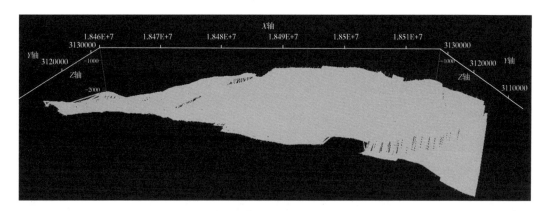

图 4-14　梁山组底层位初步解释成果

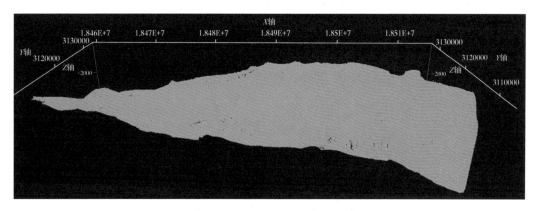

图 4-15　五峰组底层位初步解释成果

　　地震解释步骤已完成，成功地在庞大的地震数据中解释提取出目标层位，但提取出的目标层位还是由线组成，接下来的步骤才真正进入到三维地质建模的流程中，将由无数条曲线组成的初步解释成果转化为连续曲面，最后再由"面"到"体"。

　　三维地质模型在油气勘探开发领域应用广泛，常用作对储层表征及数据展布的三维载体，使储层地质模型由二维向三维发生维度上的拓展。在得到地震解释后的线构成的层位后，将其转化为连续的曲面，转化后的层位如图 4-16 至图 4-18 所示。

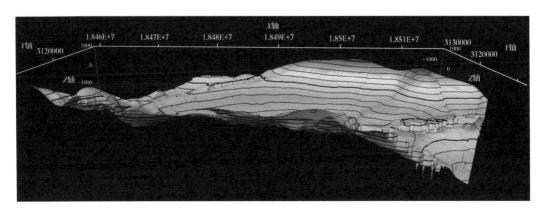

图 4-16　转化为连续曲面后的龙潭组底

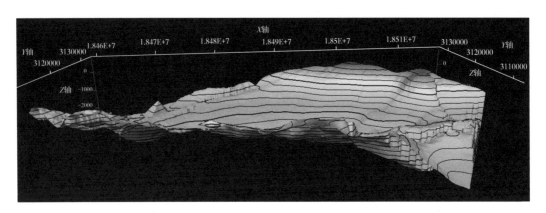

图 4-17　转化为连续曲面后的梁山组底

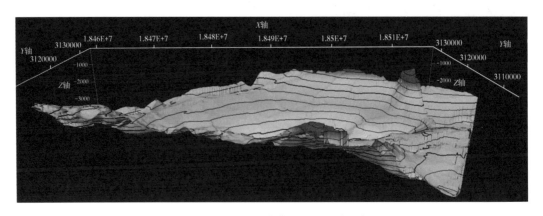

图 4-18　转化为连续曲面后的五峰组底

将解释出的目标层转化为"面"之后，接下来就是进行三维地质建模的最后一步，将三个做好的面组合为目标三维地质模型。制作三维模型首先要在水平面上划分网格，之后再在垂直方向上划分网格，这样生成的三维模型就是由一个一个的小网格组成，这些小网格将作为存放数据的最小单元组成整个大区域属性体。建立后的该区块三维模型如图4-19所示。

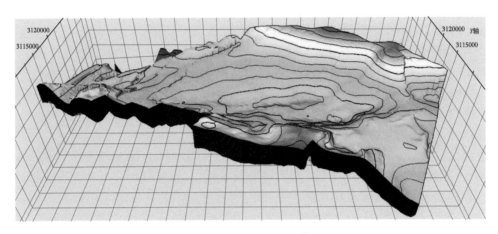

图4-19 长宁区块三维模型

2. 地质统计学原理井间插值方法选择

在选择插值方法时考虑到序贯高斯模拟是应用最广泛的连续性变量模拟方法，同时该方法被认为是模拟连续性变量的首选方法，因此采取序贯高斯模拟的插值方法，并在插值过程中引入约束控制井间插值趋势，以此得到更加真实的模拟结果。

在克里金算法中，估计值方差偏小，真实的估计值方差应为 $\delta_2=C(0)$，而实际克里金估计值方差为 $V_{ar}\{Y^*(\boldsymbol{u})\}=C(0)-\delta_{\mathrm{SK}}^2(\boldsymbol{u})$，比真实的方差少了 $\delta_{\mathrm{SK}}^2(\boldsymbol{u})$。这就是克里金估计值的"平滑效应"。因此，当需要评价变量的变异性（非均质性）时，克里金估值难以满足要求，需要采用一种方法把克里金估值丢失的方差补回来，为此就有了随机模拟。随机模拟的思路是，在克里金估值的基础上再添加一个均值为0且方差为 $\delta_{\mathrm{SK}}^2(\boldsymbol{u})$ 的独立随机分量 $R(\boldsymbol{u})$，由此得到的随机模拟值为：$Y_s(\boldsymbol{u})=Y^*(\boldsymbol{u})+R(\boldsymbol{u})$。这时模拟值与已知数据点的方差没有改变：

$$\mathrm{Cov}\{Y_s(\boldsymbol{u}),Y(\boldsymbol{u}_\alpha)\}=\sum_{j=1}^n \lambda_j \cdot E\{Y(\boldsymbol{u}_j)\cdot Y(\boldsymbol{u}_\alpha)\}+E\{R(\boldsymbol{u})\cdot Y(\boldsymbol{u}_\alpha)\} \qquad （4-60）$$

序贯高斯模拟是一种应用高斯概率理论和序贯模拟算法产生空间连续分布变量的随机模拟方法，其模拟过程是从一个网格到另一个网格顺序进行的，可用于计算某个网格LCPD的条件数据（包括在给定有效范围内的原始数据和已被模拟的网格数据除外）。

序贯高斯模拟变量 $Z(\boldsymbol{u})$ 的步骤如下：

（1）确定代表整个研究区的单变量分布函数（ccdf）。如果 Z 数据分布不均，则先对其进行去丛聚效应分析。

（2）利用变量的分布函数，对 Z 数据进行正态得分变换转换成 y 数据，使之具有标准正态分布。

（3）检验 y 数据的二元正态性。如果符合则可使用该方法，否则应考虑其他随机模型。

（4）如果多变量高斯模型适用于 y 变量，则可按下列步骤进行顺序模拟，即：

①把已知数据赋值到最近的网格点上。

这样做可以很好地忠实条件数据，这些条件数据值将会出现在精细的三维模型中，同时可以提高算法运行速度（搜索已经模拟的网格节点和原始数据是一步完成的）。需要注意的是：把毗邻的多个数据赋给一个网格节点将会丢失一些信息。

②确定随机访问每个网格节点的路径。

确定随机路径有多种方法，例如：抽样产生一个随机数字并乘以网格总数 N；将随机数字以数组方式分类并返回数组的指标；采用有限周期长度下的线性同余数生成程序。对已经赋值的网格节点在模拟时跳过。

③找到邻域内的数据点。

指定估计网格点的邻域范围，搜索邻域内的条件数据（包括原始条件数据和先前模拟的值），并确定条件数据的个数（最大值和最小值）。这样做的好处主要也是提高计算速度，在模拟计算时只考虑在相关性范围内的数据点，并且限定采用数据点最大的数量。已有研究表明，当参与计算的数据点个数增加到一定数量时，计算的精度基本不再增加。

④应用克里金法确定该节点处随机函数 $Y(u)$ 的条件分布函数的参数均值和方差。

⑤从 ccdf 随机地抽取模拟值 $Y'(u)$。

⑥将模拟值 $Y'(u)$ 加入已有的条件数据集。

⑦沿随机路径处理下一个网格节点，直到每个节点都被模拟，就可得到一个实现。

（5）把模拟的正态值 $Y'(u)$ 经过逆变换变回到原始变量 $Z(u)$ 的模拟值。在逆变换过程中可能需要进行数据的内插和外推。整个序贯模拟过程可以按一条新的随机路径重复以上步骤，以获取一个新的实现；通常的做法是改变用于产生随机路径的随机种子数。序贯高斯模拟的输入参数主要包括：变量统计参数（均值、标准差、极值），变差函数参数（变程、拱高、块金值、方位角、非均质轴等）、网格的划分、条件数据等。

序贯高斯模拟的主要优点在于：（1）数据的条件化是模拟的一个整体部分，无须作为一个单独的步骤进行处理；（2）自动地处理各向异性问题；（3）适合于任意类型的协方差函数；（4）运行过程中仅需要一个有效的克里金算法。序贯高斯模拟的前提条件是变量分布服从高斯分布。

3. 单井地应力数据的区域化实现

想要实现由多口单井数据到区域整体化数据的转变就需要在序贯高斯模拟的插值方法下将单井数据与地质模型结合起来，再在插值过程中添加相关数据体对井间插值数据的变化趋势进行具体化约束，使得到的插值结果更加真实、符合实际情况。

具体操作时有以下两个步骤：

1）单井数据粗化

将单井数据沿井轨迹赋予每个三维模型网格中，以此作为制作区域属性体的基础数据，粗化后的单井数据如图 4-20 所示。

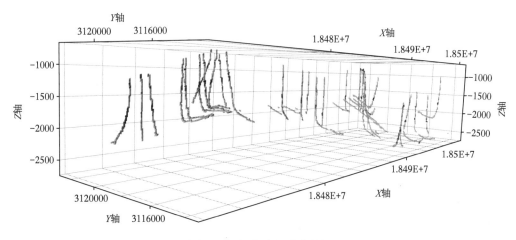

图 4-20　粗化后的单井数据

2）岩石物性建模

岩石物性建模就是将单井粗化的数据在深度数据体的约束下使用序贯高斯模拟进行井间插值，最后得到区域上的三维数据体。岩石物性建模在 petrel 软件中的具体操作如图 4-21 所示：首先选择插值模拟方法为序贯高斯模拟（Sequential Gaussian Simulation）设置序贯高斯模拟具体参数，之后再在协同克里金（Co-Kriging）选项卡中添加约束数据体，进行井间插值模拟过程中的趋势控制。

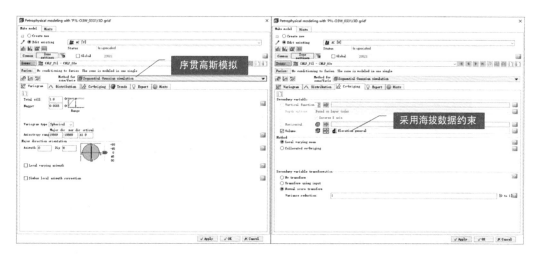

图 4-21　岩石物性建模操作界面

二、龙马溪组地层地应力大小与三压力三维展布剖面

利用上述单井数据区域化方法将长宁区块单井地应力及地层三压力数据区域化，形成长宁区块的地应力及地层三压力三维展布规律剖面，并在此基础上利用提取出的龙马溪组层位对应的地应力及地层三压力平面等值线图，以此探究龙马溪组层位的具体展布情况。

对比研究长宁区块上覆地层压力三维展布剖面（图 4-22），长宁区块地势起伏变化明显，地层埋藏深度差异性明显。长宁区块上覆地层压力与地质构造、地层埋深密切相关，N22D 井区、N20A 井区中部、大坝东部地层埋藏深，上覆地层压力高，N21C 井区、N20B 井区及 N20A 井区北部地层埋藏浅，上覆地层压力低。

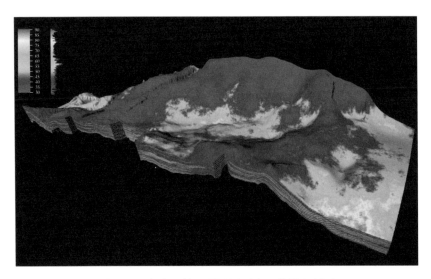

图 4-22 长宁区块上覆地层压力三维展布剖面

对比分析长宁区块龙马溪组上覆地层压力等值线图（图 4-23），龙马溪组上覆地层压力横向差异性明显，N22D 井区、N20A 井区中部及大坝东区北部上覆地层压力高，N21C 井区、N20A 井区北部上覆地层压力低。N22D 井区上覆地层压力范围为 85~95MPa，N20A 井区中部与大坝东区北部上覆地层压力范围为 75~85MPa，N20A 井区北部构造高部位上覆地层压力低至 60MPa 左右。

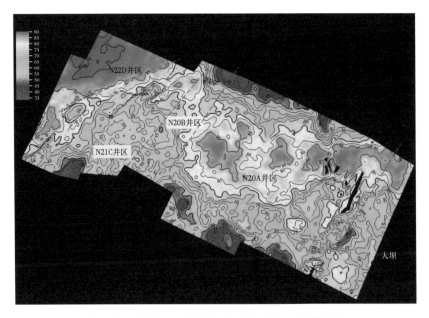

图 4-23 长宁区块龙马溪组上覆地层压力等值线图

对比分析长宁区块最大水平地应力三维展布规律（图 4-24），最大水平地应力纵向与横向差异性明显，随着地层埋深增加，地层最大水平地应力增加，构造低部位地层埋藏深度深，最大水平地应力大。

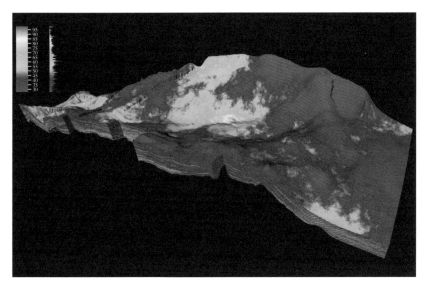

图 4-24 长宁区块最大水平主应力三维展布剖面

对比分析长宁区块龙马溪组最大水平地应力等值线图（图 4-25），龙马溪组最大水平地应力横向差异性明显，N22D 井区、N20A 井区中部及大坝东区北部最大水平地应力高，N21C 井区、N20A 井区北部最大水平地应力低。N22D 井区最大水平地应力范围为85~100MPa，N20A 井区中部与大坝东区北部最大水平地应力范围为 80~90MPa。

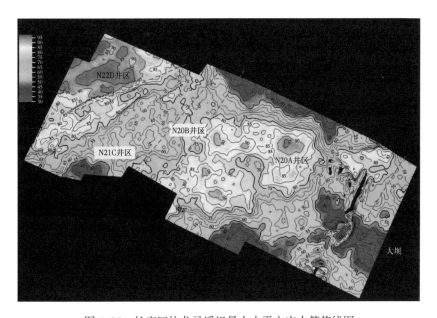

图 4-25 长宁区块龙马溪组最大水平主应力等值线图

对比分析了长宁区块最小水平主应力纵横向三维展布特征（图4-26和图4-27），最小水平主应力纵向与横向差异性明显，且不同构造位置最小水平地应力大小不同。另外，最小水平地应力大小影响地层裂缝发育、闭合裂缝漏失，最小水平地应力偏小的区域，地层容易产生张性裂缝，地层闭合裂缝漏失压力低，井漏风险高。实钻井漏复杂证实，N21C井区、N20A井区北部龙马溪组地层井漏复杂严重，且漏失压力低，判断认为该地区裂缝发育规模高于其他井区。

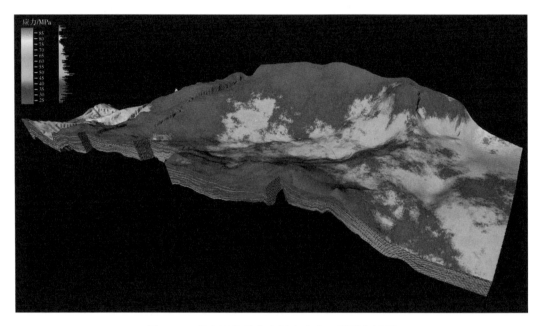

图4-26　长宁区块最小水平主应力三维展布剖面

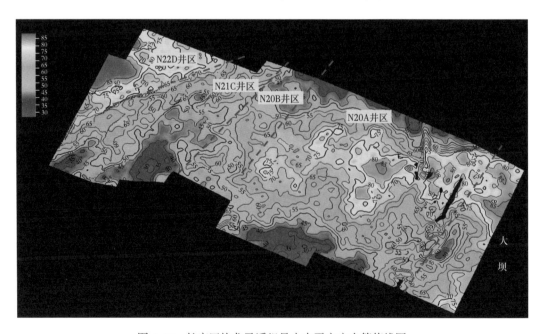

图4-27　长宁区块龙马溪组最小水平主应力等值线图

从区域地层坍塌压力的预测结果图中（图 4-28 和图 4-29）可以看出，该区块的地层坍塌压力的空间展布规律大致与地层的起伏相契合，N20A 井区所处的向斜低部位地势较低，相对应的地层坍塌压力就相对较高，南北两边的坍塌压力分布随地层埋深的变浅而逐渐减小。

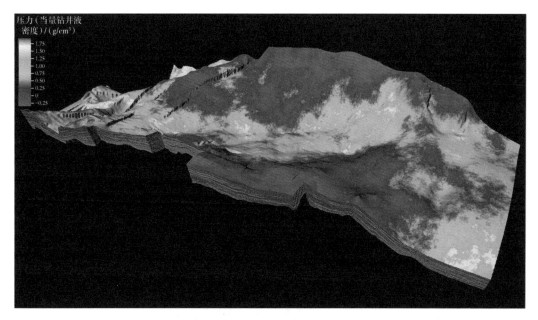

图 4-28　长宁区块地层坍塌压力三维展布剖面

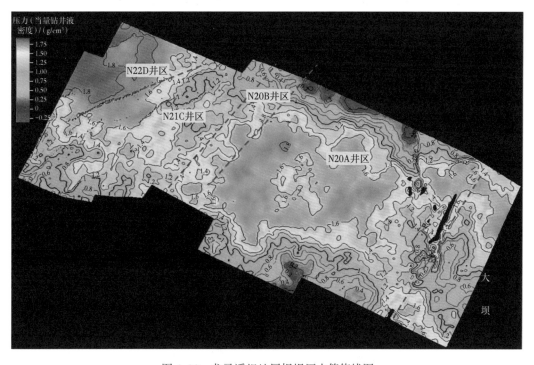

图 4-29　龙马溪组地层坍塌压力等值线图

从区域地层压力预测的结果（图 4-30 和图 4-31）可以看出，川南某区块自西向东方向即 N21C 井区、N20B 井区、N20A 井区区块向斜低部位地层孔隙压力系数高于南部、北部及西部的构造高部位，地层孔隙压力的分布大致与地势起伏相关。实钻中 XPT 地层压力实测结果表明，设计地层压力系数普遍高于实测地层压力系数，通过区域地层压力系数预测，预测结果与现场 XPT 地层压力实测结果吻合率不小于 88.2%，可为区域钻井液的科学化设计提供依据。

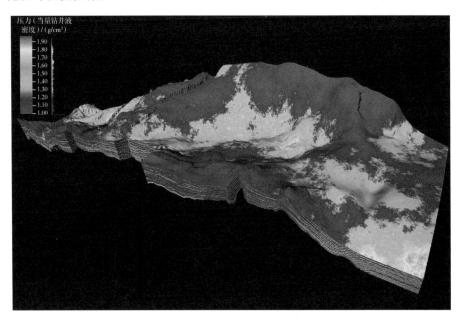

图 4-30　长宁区块地层孔隙压力三维展布剖面

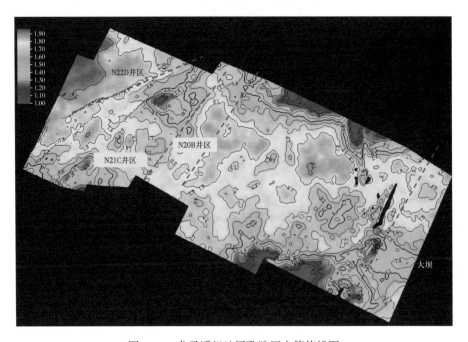

图 4-31　龙马溪组地层孔隙压力等值线图

闭合裂缝漏失压力等于闭合裂缝张开延伸压力（图 4-32 和图 4-33），其大小取决于最小水平地应力。最小水平地应力越小，闭合裂缝漏失压力越小。N20A 井区中间向斜构造地位高，闭合裂缝漏失压力为 2~2.1g/cm³；向南、向北方向减小，为 1.8~1.9g/cm³，东西方向变化不明显；N20B 井区、N21C 井区减小至 1.7~1.95g/cm³。

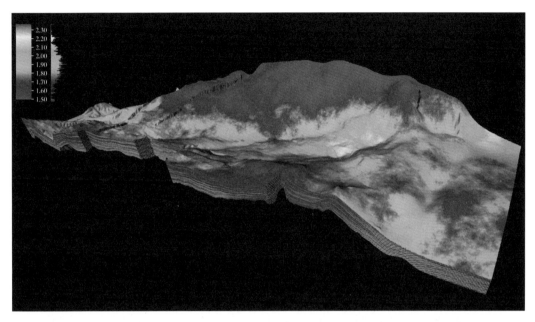

图 4-32　长宁区块闭合裂缝漏失压力三维展布剖面

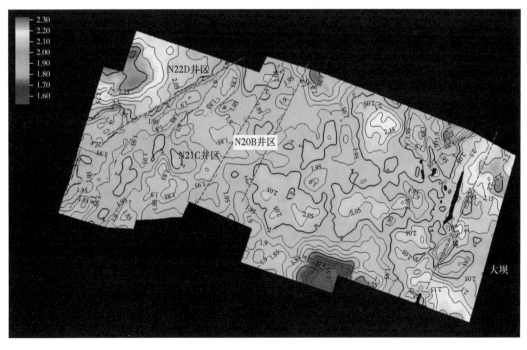

图 4-33　龙马溪组地层闭合裂缝漏失压力等值线图

长宁区块 N21C 井区、N20B 井区、N20A 井区地层破裂压力普遍在 2.4~3g/cm³，中间构造低部位破裂压力高（图 4-34 和图 4-35），四周构造高部位破裂压力有减小趋势。对于长宁井区，钻井过程中钻井液密度均低于地层破裂压力，长宁区块井漏复杂多为张开型缝洞压差性漏失、闭合裂缝起裂延伸漏失。

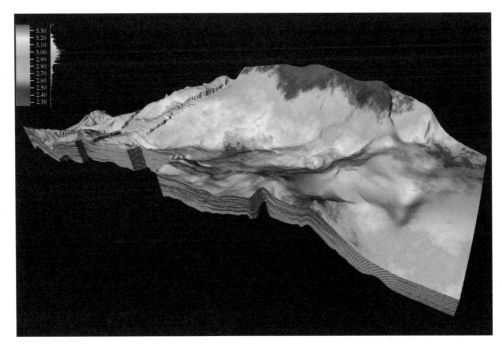

图 4-34　长宁区块地层破裂压力三维展布剖面

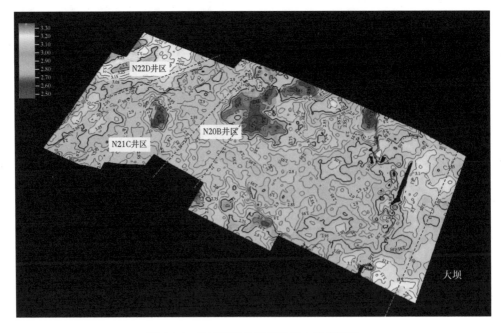

图 4-35　龙马溪组地层破裂压力等值线图

长宁区块不同井区、不同构造位置地层坍塌压力、孔隙压力、漏失压力大小差异性明显，需要结合不同井区、不同构造位置地层三压力分布范围，合理科学设计钻井液密度。不同井区、不同构造位置龙马溪组三压力分布范围见表4-1。

表4-1　长宁区块不同井区与不同构造位置三压力分布范围

井区名称	坍塌压力当量密度 / （g/cm³）		地层压力当量密度 / （g/cm³）		闭合裂缝临界漏失密度 / （g/cm³）	
	下限值	上限值	下限值	上限值	下限值	上限值
N21C 井区	1.00	1.40	1.30	1.70	1.80	1.95
N20B 井区中部	1.20	1.60	1.65	1.85	1.85	2.05
N20B 井区北部	1.00	1.20	1.30	1.60	1.75	1.95
N20A 井区中部	1.40	1.75	1.70	1.95	1.90	2.10
N20A 井区北部	1.00	1.20	1.10	1.45	1.75	1.95
N20A 井区东南部	1.00	1.20	1.15	1.45	1.75	1.85
大坝东区中部	1.00	1.20	1.30	1.50	1.90	2.15
大坝东区北部	1.40	1.65	1.65	1.85	2.05	2.25

从长宁区块大坝东区的上覆地层压力的预测结果（图4-36和图4-37）可以看出，N233井附近上覆地层压力偏高为80MPa以上，向南部数值上有减小趋势，大致在45~70MPa。

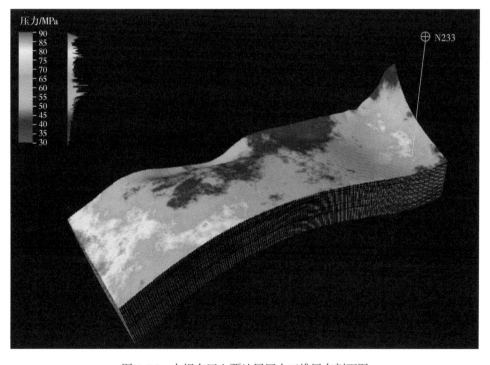

图4-36　大坝东区上覆地层压力三维展布剖面图

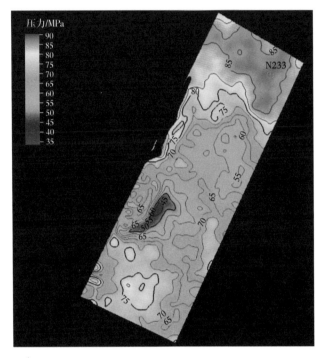

图 4-37　大坝东区龙马溪组上覆地层压力等值线图

从长宁区块大坝东区的最大水平主应力的预测结果（图 4-38 和图 4-39）可以看出，大坝东区北部龙马溪组最大水平主应力最大，普遍在 80MPa 左右，向南部最大水平主应力有减小趋势，至 35~50MPa，大坝东区南部数值又有所上升，达到 55~65MPa。

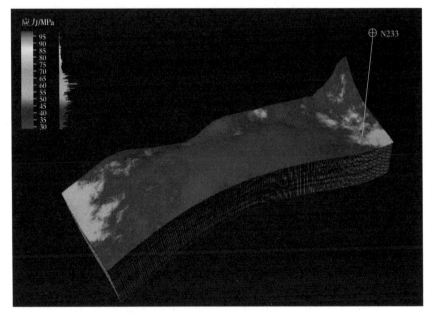

图 4-38　大坝东区龙马溪组最大水平主应力等值线图

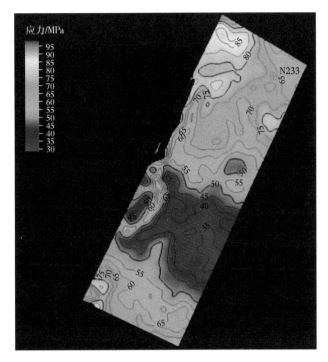

图 4-39　大坝东区龙马溪组最大水平主应力等值线图

从大坝东区的最小水平主应力预测结果（图 4-40 和图 4-41）来看，其分布趋势大致与最大水平主应力相同，均为南部与北部数值上偏高，中部偏低，具体情况为北部最小水平主应力为 75~80MPa，中部为 45~50MPa，南部为 70~75MPa。

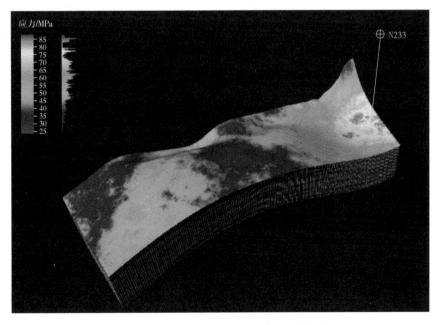

图 4-40　大坝东区最小水平主应力三维展布

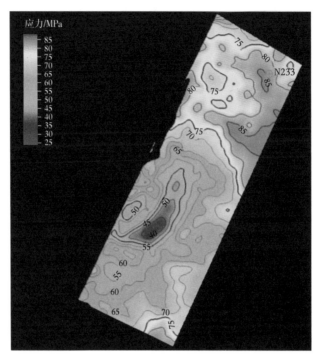

图 4-41　大坝东区龙马溪组最小水平主应力等值线

大坝东区的坍塌压力数值较大处主要分布在该区域的南北两端（图 4-42 和图 4-43），北部与南部坍塌压力均为 1.4~1.6g/cm³，中部坍塌压力偏小，为 0.6~1.2g/cm³。

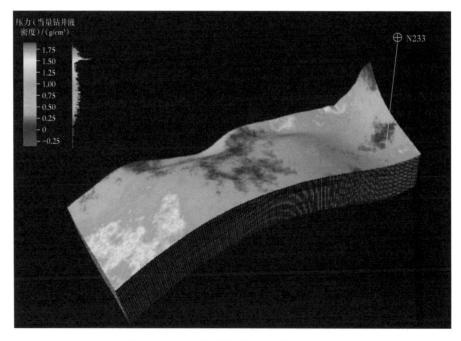

图 4-42　大坝东区坍塌压力三维展布剖面

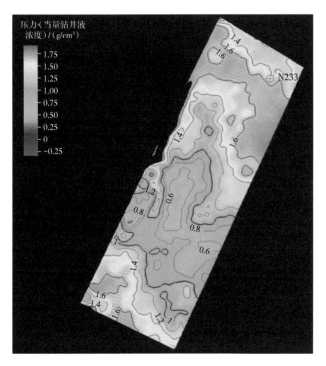

图 4-43　大坝东区龙马溪组坍塌压力等值线图

大坝东区的地层孔隙压力数值较大处主要分布 N233 井区附近（图 4-44 和图 4-45），北部地层孔隙压力均为 1.7~1.8g/cm³，南部地层孔隙压力逐渐减小，主要集中在 1.2~1.7g/cm³，部分位置在 1.7g/cm³ 左右。

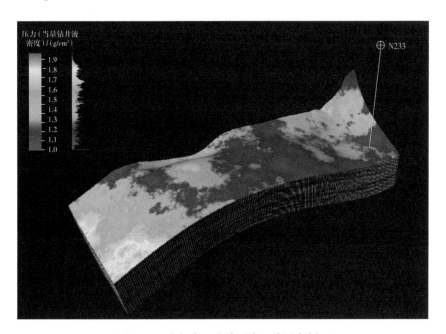

图 4-44　大坝东区孔隙压力三维展布剖面

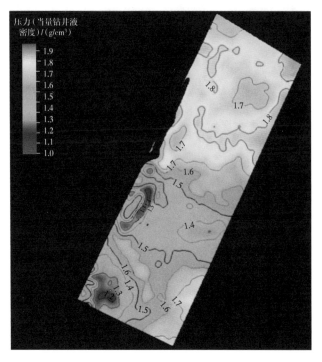

图 4-45　大坝东区龙马溪组孔隙压力等值线图

大坝东区的闭合裂缝漏失压力数值较大处主要分布在该区域的南北两端（图 4-46 和图 4-47），北部与南部闭合裂缝漏失压力均为 2.1~2.25g/cm³，中部闭合裂缝漏失压力偏小，为 1.9~1.95g/cm³。

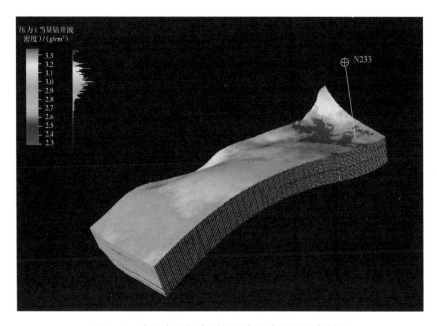

图 4-46　大坝东区闭合裂缝漏失压力三维展布剖面

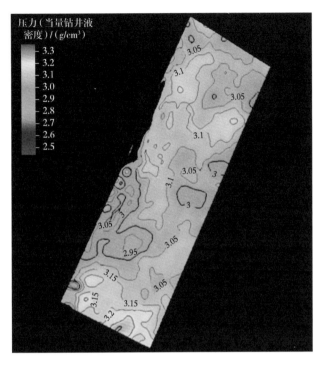

图 4-47　大坝东区龙马溪组闭合裂缝漏失压力等值线图

大坝东区的地层破裂压力数值较大处主要分布在该区域的南北两端（图 4-48 和图 4-49），北部与南部破裂压力均为 4.2~4.8g/cm^3，中部破裂压力偏小，为 3.9~4.2g/cm^3。

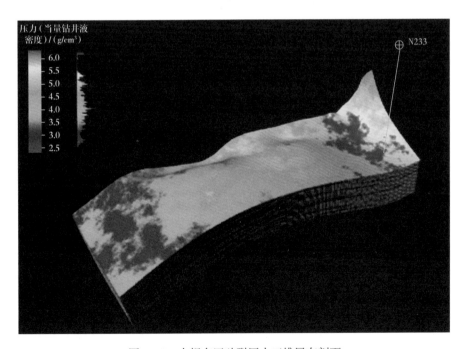

图 4-48　大坝东区破裂压力三维展布剖面

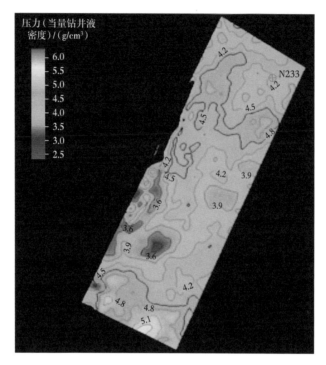

图 4-49　大坝东区龙马溪组破裂压力等值线图

N20A 井区北部上覆地层压力南部偏大（图 4-50 和图 4-51），向北部延伸数值逐渐降低，上覆地层压力的展布上与地层埋深具有很大的相关性，北部地层埋深较浅，北部上覆地层压力为 39~54MPa，南部埋深较深，南部上覆地层压力为 80~87MPa。

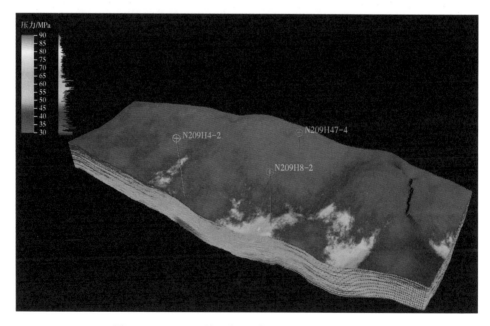

图 4-50　N20A 区块北部上覆地层压力三维展布剖面

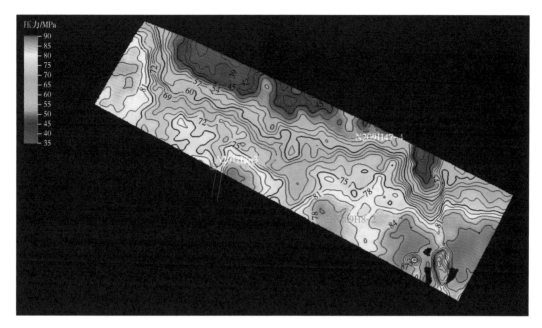

图 4-51　N20A 区块北部龙马溪组上覆地层压力等值线图

N20A 井区北部最大水平主应力的展布规律与地层埋深具有较大的相关性（图 4-52 和图 4-53），北部埋深较浅表现为最大水平主应力普遍较低，为 39~45MPa，向南部接近区块中心埋深较深部位最大水平主应力增大，为 84~90MPa。

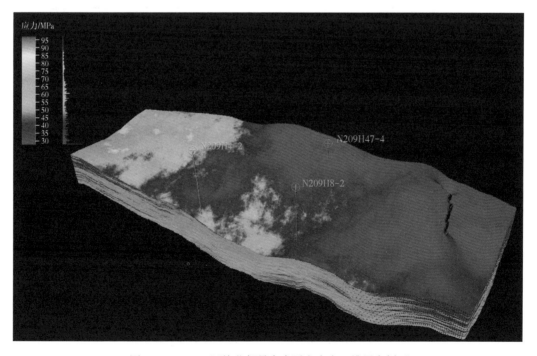

图 4-52　N20A 区块北部最大水平主应力三维展布剖面

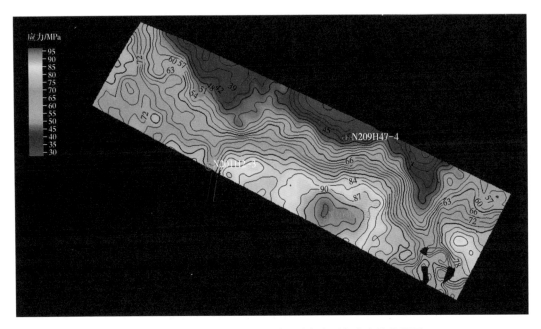

图 4-53　N20A 区块北部龙马溪组最大水平主应力等值线图

　　N20A 井区北部最小水平主应力的展布规律与地层埋深具有较大的相关性（图 4-54 和图 4-55），北部埋深较浅表现为最小水平主应力普遍较低，为 39~42MPa，向南部接近区块中心埋深较深部位最大水平主应力增大，为 75~81MPa。

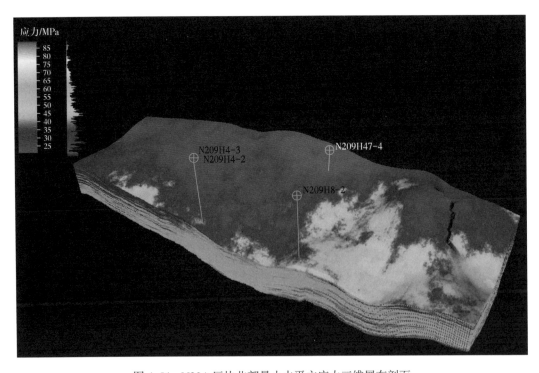

图 4-54　N20A 区块北部最小水平主应力三维展布剖面

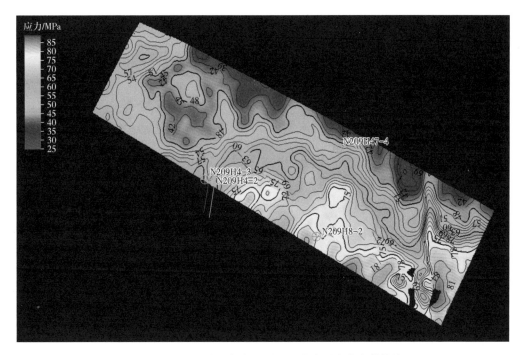

图 4-55 N20A 区块北部龙马溪组最小水平主应力等值线图

N20A 井区北部地层坍塌压力的展布规律表现为北部低南部高的趋势（图 4-56 和图 4-57），具体情况为北部地层坍塌压力为 0.2~0.6g/cm³，南部地层坍塌压力较大，为 1.6~1.7g/cm³。

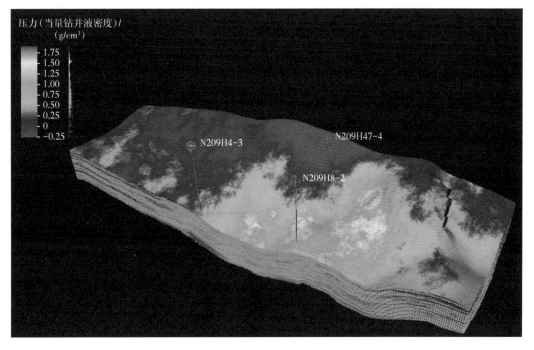

图 4-56 N20A 区块北部地层坍塌压力三维展布剖面

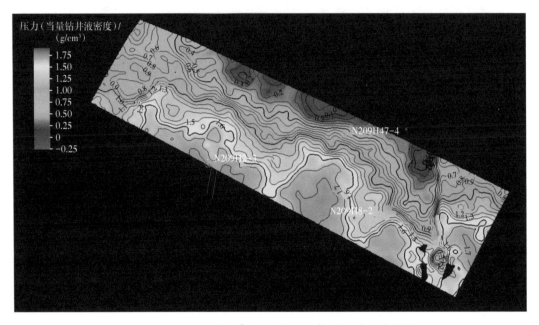

图 4-57　N20A 区块北部龙马溪组地层坍塌压力等值线图

N20A 井区北部地层孔隙压力的展布规律表现为北部低南部高的趋势（图 4-58 和图 4-59），具体情况为北部地层孔隙压力为 1.10~1.25g/cm³，南部地层孔隙压力较大，为 1.45~1.85g/cm³。

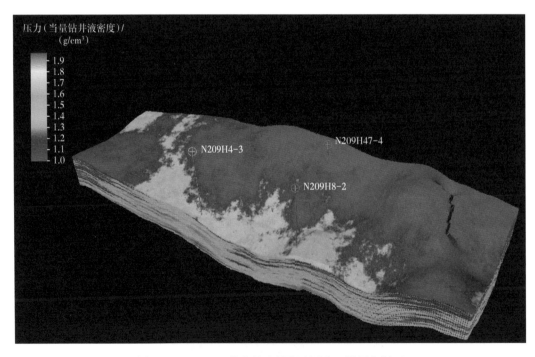

图 4-58　N20A 区块北部地层孔隙压力三维展布剖面

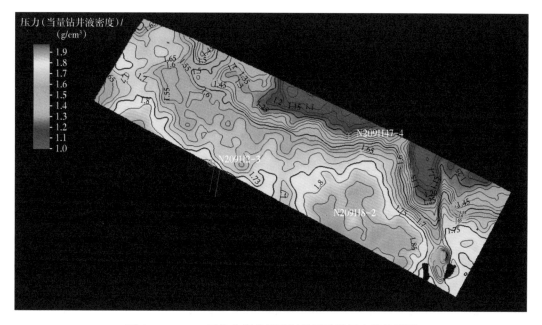

图 4-59　N20A 区块北部龙马溪组地层孔隙压力等值线图

N20A 井区北部闭合裂缝漏失压力的展布规律表现为北部低南部高的趋势（图 4-60 和图 4-61），但 N209H47-4 井附近闭合裂缝漏失压力相比北部大部分地区偏高，N20A 井区北部具体情况为北部为 1.8~1.89g/cm³，N209H47-4 井附近为 2.1g/cm³，南部地区闭合裂缝漏失压力在 1.92~2.04g/cm³。

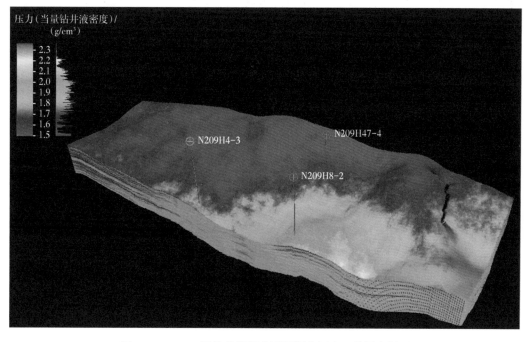

图 4-60　N20A 区块北部闭合裂缝漏失压力三维展布剖面

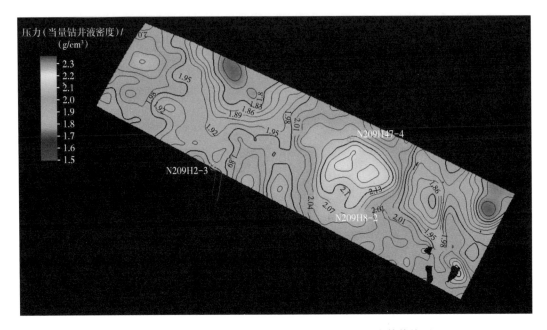

图 4-61 N20A 区块北部龙马溪组闭合裂缝漏失压力等值线图

图 4-62 和图 4-63 展示了 N20A 区块北部龙马溪组地层破裂压力分布规律。

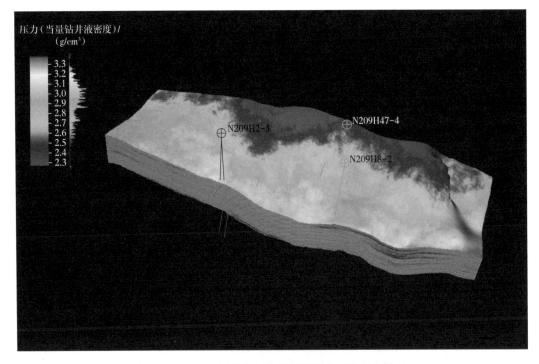

图 4-62 N20A 区块北部地层破裂压力三维展布剖面

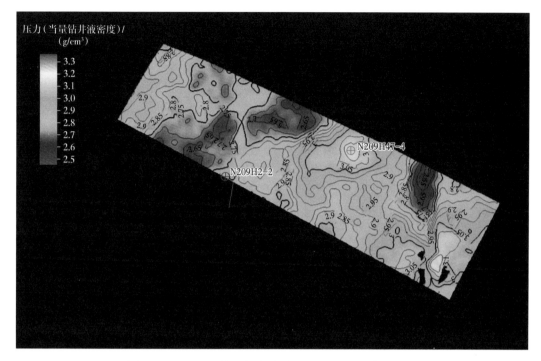

图 4-63　N20A 区块北部龙马溪组地层破裂压力等值线图

从 N20A 北部区块的地层三压力三维展布剖面及等值线图中可以看出：N20A 井龙马溪组底部坍塌压力、地层压力、漏失压力等横向差异性明显；N20A 井区北部地势高，处于构造高部位，地层压力、地应力大小有降低趋势，普遍低于 N20A 井区构造中部低部位；N20A 井区北部由西南构造低部位向东北构造低部位，坍塌压力系数（等价于前文取当量钻井液密度的坍塌压力，地层压力系数同理）呈减小趋势，低部位坍塌压力系数为 1.5~1.6，低部位降低至 1~1.2；N209H8-2 井地层压力系数 1.8 左右，N209H47-4 井地层压力系数则降低至 1.2~1.4，构造高部位地层压力系数低，构造高部位地应力低，地层处于低应力区域，多发育有张开型裂缝，漏失压力低，应结合不同构造位置地层压力合理设计钻井液密度。

三、长宁区块钻井液密度窗口优化

对于单井各井段钻井液密度优化设计而言，需要基于邻井测井数据信息，结合室内地应力大小、岩石力学性能参数等实验数据，构建较为准确的单井地应力大小与三压力分布剖面，优化单井各井段钻井液密度合理值。

图 4-64 对比分析了单井地应力场与三压力分布剖面测井预测结果，长宁区块页岩气水平井主要采用四开制井段：一开导管。二开钻至雷口坡组顶部，钻遇地层须家河组、雷口坡组，复杂有气侵与井漏，井漏为压差性漏失，漏失压力与地层孔隙压力接近，地层孔隙压力系数 1~1.03，建议钻井液密度控制在 1~1.05g/cm³。三开井段钻至韩家店组顶部，钻遇地层雷口坡组、嘉陵江组、飞仙关组、长兴组、龙潭组、茅口组、栖霞组、梁山组，复杂有长兴组 / 龙潭组泥岩垮塌、茅口组井漏，泥岩地层坍塌压力系数 1.35~1.5，井漏

复杂为张开型裂缝，漏失压力与地层孔隙压力接近，茅口组地层压力系数 1.4~1.5，建议钻井液密度控制在 1.4~1.45 g/cm³，若有井漏可适当降低至 1.35~1.4 g/cm³，预防长兴组/龙潭组泥岩垮塌。四开井段韩家店—宝塔组，主要复杂有气侵/溢流、井漏，韩家店组、石牛栏组地层压力系数 1.48~1.65，龙马溪组底部地层压力系数最高 1.7~1.92，张开型裂缝漏失压力接近孔隙压力，建议近平衡钻井，钻井液密度接近孔隙压力当量密度，韩家店组钻井液密度为 1.45~1.55 g/cm³，龙马溪组钻井液密度为 1.75~1.9 g/cm³。龙马溪组页岩闭合裂缝漏失压力系数与最小水平地应力梯度相当，为 1.95~2.1MPa/100m，若钻井液密度过高可诱发闭合裂缝漏失。

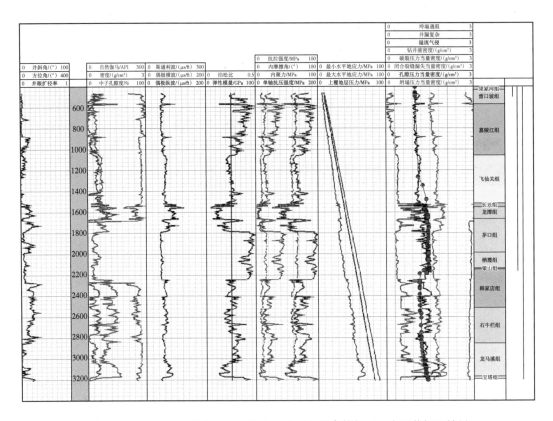

图 4-64　N20A 井区单井地层地应力、岩石力学参数与三压力测井解释结果

另外，可以结合长宁区块重点井区地应力与三压力三维展布剖面，优化设计重点井区不同构造位置钻井液密度大小。下面研究了长宁区块 N20A 井区北部、大坝东区龙马溪组地层坍塌压力、孔隙压力、漏失压力横向展布规律，为不同构造位置钻井液密度设计提供科学依据。

N20A 井龙马溪组底部坍塌压力、地层压力、漏失压力等横向差异性明显（图 4-65 至图 4-68）。N20A 井区东北部地势高，处于构造高部位，地层压力、地应力大小有降低趋势，普遍低于 N20A 井区构造中部高部位。N20A 井区北部由西南构造低部位向东北构造高部位，坍塌压力系数呈减小趋势，低部位坍塌压力系数为 1.5~1.6，高部位降低至 1~1.2。N209H8-2 井地层压力系数 1.8 左右，N209H47-4 井地层压力系数则降低至 1.2~1.4，构造高部位地层压力系数低。构造高部位地应力低，地层处于低应力区域，多发育有张开型裂缝，漏失压力低；应结合不同构造位置地层压力合理设计钻井液密度。

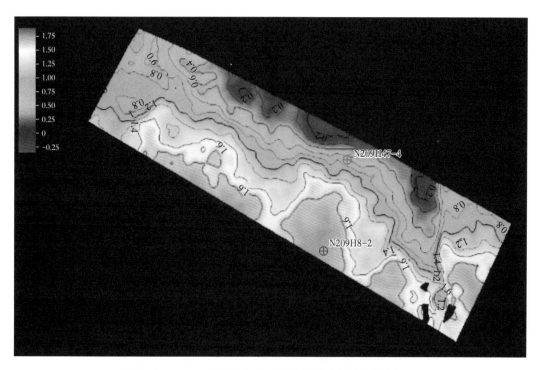

图 4-65　N20A 井区北部龙马溪组坍塌压力系数横向展布

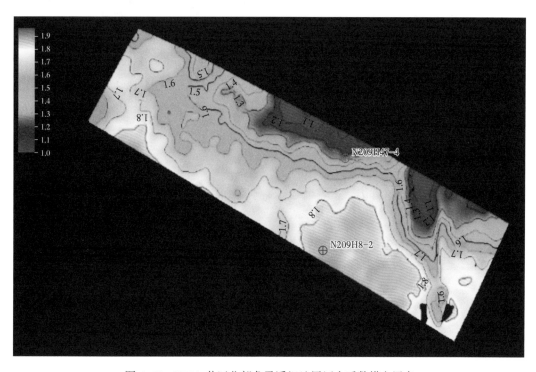

图 4-66　N20A 井区北部龙马溪组地层压力系数横向展布

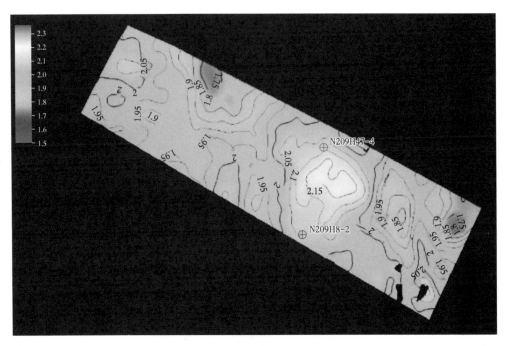

图 4-67　N20A 井区北部龙马溪组闭合裂缝漏失压力系数横向展布

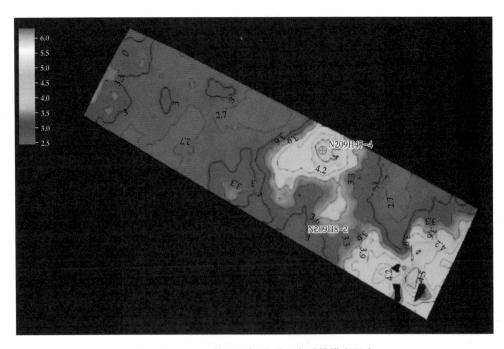

图 4-68　N20A 井区北部破裂压力系数横向展布

　　长宁区块大坝东区地质构造剖面呈现南西—北东长条构造，中间部位略高，向南西、北东地势有降低趋势。大坝东区不同位置坍塌压力、孔隙压力、漏失压力存在一定差异，中间部位地势高，坍塌压力、孔隙压力与漏失压力略低，坍塌压力系数 1~1.2，孔隙压力系数

（张开型缝洞漏失压力系数）1.35~1.6，闭合裂缝漏失压力系数 1.9~2.1，建议钻井液密度靠近地层孔隙压力系数 1.35~1.6。向南西、北东方向，坍塌压力系数升高至 1.4~1.6，地层孔隙压力系数升高至 1.7~1.85，闭合裂缝漏失压力系数升高至 2.1~2.25（图 4-69 至图 4-72）。

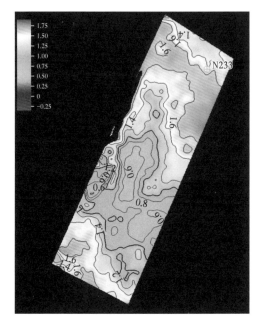

图 4-69　大坝东区坍塌压力系数横向展布

图 4-70　大坝东区地层压力系数横向展布

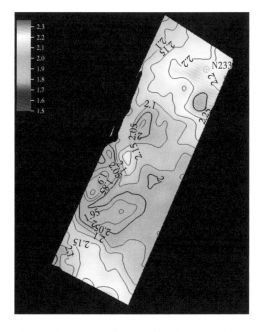

图 4-71　大坝东区闭合裂缝漏失压力系数横向展布

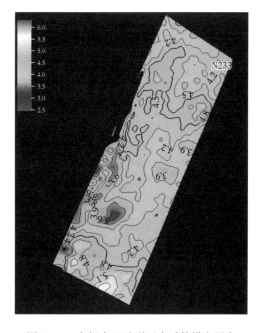

图 4-72　大坝东区破裂压力系数横向展布

参 考 文 献

[1] 刘厚彬，崔帅，孟英峰，等．川西硬脆性页岩力学特征及井壁稳定性研究 [J]．西南石油大学学报（自然科学版），2019，41（6）：60-67.

[2] 范宇，王佳珺，刘厚彬，等．泸州区块全井段地层力学性能及井壁稳定性 [J]．科学技术与工程，2020，20（16）：6433-6439.

[3] 李志鹏，刘显太，杨勇，等．渤南油田低渗透储集层岩性对地应力场的影响 [J]．石油勘探与开发，2019，46（4）：693-702.

[4] 李卓沛，聂舟，井翠，等．三维地应力建模新技术在长宁深层页岩气区块的应用 [J]．钻采工艺，2019，42（6）：5-8.

[5] Mousavipour F，Riahi M A，Moghanloo H G．Prediction of in situ stresses, mud window and overpressure zone using well logs in South Pars field[J]．Journal of Petroleum Exploration and Production Technology，2020，10（3-4）．

[6] 王超，宋维琪，林彧涵，等．基于叠前反演的地应力预测方法应用 [J]．物探与化探，2020，44（1）：141-148.

[7] 徐珂，田军，杨海军，等．深层致密砂岩储层现今地应力场预测及应用：以塔里木盆地克拉苏构造带克深 10 气藏为例 [J]．中国矿业大学学报，2020，49（4）：708-720.

[8] 周新桂，操成杰，袁嘉音．储层构造裂缝定量预测与油气渗流规律研究现状和进展 [J]．地球科学进展，2003，18（3）：398-404.

[9] 苏培东，秦启荣，黄润秋．储层裂缝预测研究现状与展望 [J]．西南石油学院学报，2005，27（5）：14-17.

[10] Eaton B A.Fracture gradient prediction and its application in oilfield operation [J].JPT，1969，21：1353-1360.

第五章　堵漏技术评价与优化

发生井漏后如何高效堵漏是保障钻井安全，减少经济和钻井周期损失的关键。本章从堵漏技术评价方法和现场应用方面进行了研究与优化，展示了在桥塞堵漏材料与技术、快速滤失堵漏技术、凝胶堵漏技术等方面的最新研究成果和认识，从而为页岩气井高效堵漏提供指导。

第一节　堵漏评价方法

在尽可能地模拟现场实际井漏情况下，进行堵漏效果的室内评价，其目的是通过室内模拟的堵漏评价实验，对各种漏失类型给出合理的堵漏配方和堵漏方案，以便现场堵漏施工人员能得到有效技术参考，能在第一时间选择最优技术方案进行堵漏施工，进而提高钻井堵漏施工的效率和成功率。

一、评价方法与实验装置

1. 评价方法分析

堵漏评价技术的发展与科学技术的发展密切关联，受限于对漏失机理和堵漏机理的理解，早期的实验评价手段相对比较简陋，当时的一些评价实验及其所得到的结果，与现场实际井下情况差异较大，实验结果误差较大，不能够真实地模拟描述现场实际情况。现在随着堵漏实验技术水平的进步，逐渐采用人造缝板、天然裂缝、人造孔隙（钢珠）、砂床等模拟井下裂缝、孔隙形态，分别在静态、动态等各种条件下评价堵漏材料的封堵性能。

表 5-1 归纳整理了目前常见的漏失评价方法。

表 5-1　常见的漏失评价方法

序号	方法	描述	特点
1	割缝金属盘	在金属盘上割制不同缝宽和缝长的单一的金属缝用于颗粒级配堵漏评价	简单方便，适于颗粒级配，没有纵深，易于封门
2	打孔金属盘	在金属盘上设定不同孔径的单一的金属孔用于颗粒级配堵漏评价	简单方便，适于颗粒级配，没有纵深，易于封门
3	金属网	采用具有不同孔径大小的金属网	简单方便，适于颗粒级配，没有纵深，易于封门
4	砂芯（PPA）	采用具有不同孔径大小的砂芯	模拟渗透性漏失，具有一定的可靠性
5	填砂管	使用不同粒径的石英砂填充在金属或玻璃管中	模拟渗透性漏失，结果相对可靠
6	模拟天然岩心	使用模拟天然岩心组成和骨架的人工岩心	模拟渗透性漏失，结果可靠，实验程序复杂

续表

序号	方法	描述	特点
7	模拟天然裂缝	使用天然采取的页岩，剥离后形成裂缝	适用于裂缝性漏失，结果可靠，实验程序复杂，浆体用量多
8	动态模拟岩心	模拟岩心实验后的钻井液循环影响	模拟渗透性漏失，结果可靠，实验程序复杂
9	动态模拟裂缝	模拟裂缝实验后的钻井液循环影响	适用于裂缝性漏失，实验程序复杂，浆体用量特别多

2. 防漏堵漏实验装置

1）简易堵漏模拟装置

对于堵漏效果的评价较为通用的方式就是对高温高压静态失水仪进行改进，图 5-1 为简易的堵漏模拟装置，该装置实验对堵漏浆的需求量约 600mL，操作简单，但仅仅能提供小范围的压差（0~20bar）下对孔隙或者裂缝漏失的模拟。但由于封堵层（图 5-2）制作较为简易，没有纵深，易于封门，实验结果可靠性不高。此外，还有 BDY-1 便携式堵漏仪等简易设备。

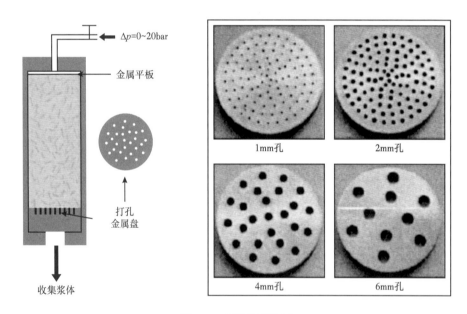

图 5-1　堵漏模拟装置

2）DL-1 型堵漏实验装置及评价方法

该装置（图 5-3）的填充床就是将不同直径的钢珠放置于槽中，其中钢珠大小可以根据孔隙的大小不同而改变。该装置能一定程度地模拟井下条件，通过静态或动态堵漏测试分析各种尺寸和形状的堵漏材料的封堵效果。实验一次性所需堵漏浆大，给实验重复性带来一定的难度。由于钢珠均为规则的球体，而地层的渗透漏失往往是非均质性的，因此实验的可靠性并不强。DL 型堵漏实验仪器行业中用到的还有 DL-2 型（封堵层为缝孔）、DL-A/B 型（高温高压）和 DL-2H 型（高温高压编程式）等。

图 5-2　割缝金属盘与打孔金属盘

图 5-3　DL-1 型堵漏模拟装置

3) 填砂管堵漏仪

该装置（图 5-4）是在一个透明的玻璃管底座装了一个滤网，在底座上面填充 350mL 一定粒径的砂粒模拟不同的孔隙介质，上端连接氮气瓶，可加压至 0.69MPa，检验工作液的封堵能力。该装置主要模拟地层渗透性漏失，结果相对可靠。且对高黏聚合物的启动压力和聚合物对钻井液的驱替效果有很好的表征作用。填砂管式堵漏仪行业中用到的还有 FA 型可视砂床滤失仪，高温高压型、高温高压可视型砂床滤失仪等。

图 5-4　透明填砂管

4）裂缝堵漏模拟装置

该装置（图5-5）基于岩心驱替设备，制作了大小形态不一的裂缝，进行诱导裂缝的模拟堵漏实验，但该钢制岩心接触面相对较为平整，且纵深较小，进行堵漏实验时，堵漏屏障建立的过程不足，实验通常只有封门和未封堵两种结果。不能很好地体现堵漏材料的封堵效果。还有缝宽可调节型可视化高温高压堵漏仪和高温高压全直径岩心裂缝堵漏仪等设备，自动化和模拟水平有所提高。

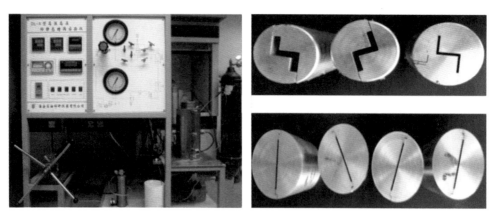

图 5-5　裂缝堵漏模拟装置

5）高温高压堵漏实验仪器

该类堵漏实验仪器可以模拟井下温度与压差，具有模拟漏失地层的多种封堵模拟层，通过封堵特征评价堵漏浆的相关性能。这类仪器有 DLM-01 高温高压静态堵漏仪、CLD-Ⅲ高温高压动态堵漏仪、JLX-2 动态堵漏试验仪和 HTP-8 高温高压模拟堵漏仪等。

二、长宁区块堵漏评价方法优选

通过对天然裂缝的漏失形成机制进行研究与分析,根据漏失与堵漏原理,建立天然裂缝堵漏的相应的封堵评价方法,以便优选封堵地层漏失的有效控制方案。目前国内的堵漏仪器中漏失介质与实际漏层状况模拟方式较为单一,一般使用钢珠和缝隙板模拟,和真实漏失通道存在很大差异,实验重复性较差,准确性不稳定。为了更好地丰富漏层的模拟方式,更准确地反映漏层情况,采用了模拟空隙和天然裂缝,所使用的天然裂缝为采集天然的页岩剥离后形成的裂缝,实验结果更为可靠。

室内根据长宁区块漏失的特点选择合适的堵漏设备进行模拟实验,用于解决长宁区块堵漏过程中出现的"封门""转向""站住""返吐""再破坏"等系列问题,新的堵漏实验方法充分考虑了现场实际应用中遇到的堵漏失败原因,对堵漏工作液性能进行更为全面的评价,解决现场实际堵漏过程中的问题。

1. 孔隙型高温高压堵漏评价方法

高温高压砂床滤失仪(图 5-6)在高温高压压力容器内填充砂床构成孔隙性、渗透性漏层,依据选择的不同粒径砂床来模拟不同漏失通道的孔隙大小,通过电加热到所需的实验温度,外接氮气瓶进行承压堵漏实验。常选用 0.5~0.9mm 砂模拟 50~200μm 漏缝、1~2mm 砂模拟 200~1000μm 漏缝、4~10mm 粗砂模拟 1000~3000μm 漏缝、20~40mm 砂模拟 3~5mm 漏缝。

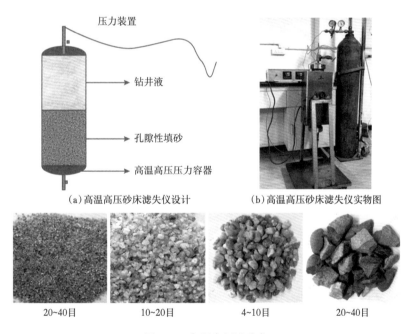

（a）高温高压砂床滤失仪设计　　　　（b）高温高压砂床滤失仪实物图

20~40目　　　　10~20目　　　　4~10目　　　　20~40目

图 5-6　高温高压滤失仪

根据前期对长宁区块不同井段裂缝状态的分析,室内采用不同粒径的砂砾模拟不同缝宽的天然缝洞型裂缝,以 1~3mm、3~5mm 缝隙为主,评价不同堵漏配方封堵能力。针对不同漏速的孔隙型漏失地层,调整不同砂床砂砾颗粒缝隙大小,从下面两个方面验证堵漏材料对孔隙性地层的封堵效果：

（1）堵漏材料中是否存在与孔隙相应大小的材料，能否封堵对应的裂缝孔隙；

（2）堵漏材料在裂缝中形成封堵层的承压能力。

实验方法：

（1）在高温高压砂床模拟堵漏仪中填充 500mL 的砂子；

（2）向堵漏仪上部依次加入 1000mL 的堵漏浆；

（3）打开加热装置，对整个堵漏仪加热至要求温度（模拟漏层温度）；

（4）从设备上部开始加压，从 1MPa 开始，每次加压 0.5~1MPa，加压至 7MPa，每个压力状态下保持滴漏或无漏失 30min 后则提高 1MPa 压力；

（5）当承压 30min 漏失量不大于 10mL 时，记录此时的压力数据即承压能力；

（6）最后拆开堵漏层，测量堵漏材料的侵入深度。

2. 天然裂缝型高温高压堵漏评价方法

天然裂缝型高温高压堵漏仪（图 5-7）采用天然岩石形成的自然裂缝模拟需要封堵的裂缝，能更好地模拟漏失地层裂缝形态，且裂缝宽度可根据需要选择，裂缝宽度可在 0.5~10mm 范围选择，裂缝长 200mm。堵漏过程可加温加压，且模拟井筒容量为 3000mL，能更好地模拟堵漏过程。

（b）裂缝端面

（a）模拟天然裂缝高温高压堵漏仪   （c）裂缝截面

图 5-7　模拟天然裂缝高温高压堵漏仪及裂缝形态

根据前期对长宁区块不同井段裂缝状态的分析，室内采用不同缝宽的岩心裂缝模拟 215.9mm 井段构造裂缝，以 2mm、3mm、5mm 裂缝为主，评价不同堵漏配方和堵漏浆体系的封堵能力。针对高温高压地层所产生的不同大小的诱导型裂缝，通过分别模拟 2mm、3mm 及 5mm 裂缝，可实验研究以下堵漏关键问题：

（1）堵漏材料能否在裂缝中稳定架桥；

（2）堵漏材料在裂缝中稳定架桥形成封堵的合适浓度；

（3）堵漏材料在裂缝中形成架桥后封堵层的承压能力；

（4）不同大小裂缝下的最佳浓度配方。

实验方法：

（1）在高温高压裂缝模拟堵漏仪中装填模拟天然裂缝；

（2）向模拟井筒中加入 1000mL 的堵漏浆；

（3）打开加热装置，对整个堵漏仪加热至要求温度；

（4）从设备上部开始加压，从 1MPa 开始，最高加压至 7MPa，每个压力状态下保持滴漏或无漏失 30min 后则提高 1MPa 压力；

（5）当承压 30min 漏失量不大于 10mL 时，记录此时的压力数据即承压能力；

（6）最后拆开模拟天然裂缝，测量堵漏材料的侵入深度。

第二节　现场堵漏技术评价与优化

一、长宁区块现场堵剂样品基本性能评价

目前长宁区块二开井段和三开井段在桥浆堵漏材料的使用方面有较大的通用性，然而有的材料仅能适用于二开井段的桥堵，由于其抗温、抗压性能较差，难以满足三开井段的封堵和承压。因此，室内对从现场取得的堵漏材料样品（表 5-2）进行了材料性能的评价（表 5-3 和表 5-4）。

表 5-2　长宁区块常用堵漏材料一览表

取样井号	样品名称	材料类型	堵剂粒径	备注
N20AH9	LCM 堵剂	聚丁酯类	小于 1mm	油基钻井液专用
	GT-MF 纤维堵剂	矿物纤维	小于 1mm	
	NTBASE 随钻堵剂	植物纤维类	小于 1mm	
	核桃壳（细）	果壳	1~3mm	油基水基钻井液通用
	核桃壳（中）	果壳	3~5mm	
	FDJ-1 复合堵漏剂	植物颗粒、纤维复配	1~3mm	
	FDJ-2 复合堵漏剂	植物颗粒、纤维复配	3~5mm	
	FDJ-3 复合堵漏剂	植物颗粒、纤维复配	5~8mm	
	WNDK-1	刚性颗粒	3~5mm	
	WNDK-2	刚性颗粒	1~3mm	
N20AH69	核桃壳（粗）	果壳	5~8mm	
长宁 H30	PZDL	膨胀类堵剂	1~3mm	
	WNDK-3	刚性颗粒	1~2mm	
	WNDK-4	刚性颗粒	0.5~1mm	
	JD-5 随钻堵漏剂	植物纤维类	小于 1mm	
	KSD 高失水堵剂	高滤失堵剂	1~5mm	专项堵漏施工用
N20AH47	单封	植物纤维类	小于 1mm	油基水基钻井液通用
	随钻堵漏剂	植物颗粒类	小于 1mm	

表 5-3　长宁区块现场堵漏材料抗温性评价表

样品名称	50℃ 状态	70℃ 状态	90℃ 状态
LCM 堵剂	无明显变化	外观变色，轻度碳化	外观变色，轻度碳化
GT-MF 纤维堵剂	无明显变化	无明显变化	无明显变化
NTBASE 随钻堵剂	无明显变化	其中植物颗粒变色碳化	其中植物颗粒变色碳化
核桃壳系列	无明显变化	外观变色，明显碳化	外观变色，明显碳化
FDJ-1 复合堵漏剂	无明显变化	外观变色，明显碳化	外观变色，明显碳化
WNDK 系列	无明显变化	无明显变化	无明显变化
JD-5 随钻堵漏剂	无明显变化	外观变色，明显碳化	外观变色，明显碳化
单封	无明显变化	外观变色，明显碳化	外观变色，明显碳化
PZDL	水基膨胀	水基膨胀，油基变色	水基膨胀，油基变色

长宁现场目前广泛使用的植物类堵漏材料大多在 70℃ 以上会发生碳化现象，会对材料的强度造成影响，导致承压能力的下降。此类堵漏材料建议在上部地层使用。

表 5-4　长宁区块现场堵漏材料抗压能力评价表

材料	压力 /MPa	常温破碎率 /%	80℃ 破碎率 /%
WNDK-4	25	13	14
HTK（含有果壳、聚多糖、合成表面活性剂，颗粒尺寸有 1~3mm、0.5~1mm，油基钻井液用堵剂）	25	26	34
FDJ-1	25	24	36
GT-MF	25	9	10
SD-803	25	12	14
LCM	25	8	9
Blockseal	25	6	7

现场用植物类堵剂的 HTK、FDJ 承压能力较差，高压下破碎率较大，80℃ 老化后，破碎率明显上升，Blockseal、LCM、GT-MF、SD-803、WNDK-4 等高压下破碎率较小，在高承压需求的井段应考虑优化材料。

二、长宁区块 311.2mm 井眼堵漏配方评价及优化

1. 现场常用堵漏方案和配方

1）现场常用堵漏方案

现场通常根据不同漏速选择不同堵漏方案，具体如下：

（1）漏速小于 10m³/h，通常使用随钻堵漏，堵剂粒径最大不超过 3mm，堵漏浆浓度通常 8%~15%，小颗粒材料（粒径小于 1mm）、中颗粒材料（粒径 1~3mm）的使用比例通常在 1:1~2:1 之间。

（2）漏速在 10~30m³/h 时，优选考虑原钻具桥浆堵漏，堵漏浆浓度通常在 20%~30%，小颗粒材料（粒径小于 1mm）、中颗粒材料（粒径 1~3mm）与粗颗粒材料（粒径 3~5mm）的堵剂比例通常为 1：1：1，漏速较小时，则调高细颗粒比例；漏速较大时，则调高粗颗粒比例，同时加入 2% 左右纤维材料。

（3）漏速大于 30m³/h，通常采用光钻杆或旁通阀堵漏，堵漏浆浓度通常在 30% 以上，粗颗粒材料占比较大。

2）现场常用堵漏配方

现场常用的堵漏配方有：

（1）漏速小于 10m³/h：井浆 +5%JD-5+5% 单封。

（2）漏速在 10~20m³/h：井浆 +5%FDJ-1（0~3mm）+8%WNDK-3+7%WNDK-4+5% 单封，总浓度 25%。

（3）漏速在 20~30m³/h：井浆 +5%FDJ-1（0~3mm）+5% 果壳（0-3mm）+8%WNDK-3+7%WNDK-4+5% 土粉 +5% 单封，总浓度 30%。

（4）漏速在 30~60m³/h：井浆 +6%JD-5+5%FDJ-1+2%FDJ-2+6%WNDK-1+5%WNDK-2+4%WNDK-3+3%WNDK-4，总浓度 31%。

（5）失返性漏失：井浆 +6%JD-5+5%FDJ-1+2%FDJ-2+8%WNDK-1+7%WNDK-2+7%WNDK-3+6%WNDK-4，总浓度 41%。如果堵漏无效果，在此基础上增加 3% 果壳（8~12mm）复配再堵，再无效果直接更换水泥堵漏方案。

2. 长宁区块二开堵漏配方优化

1）现场配方评价

二开井段大多漏速较高，室内配置现场失返性漏失配方，对其进行评价。失返性漏失配方为：井浆 +6%JD-5+5%FDJ-1+2%FDJ-2+8%WNDK-1+7%WNDK-2+7%WNDK-3+6%WNDK-4。

现场堵漏时常有循环后复漏的现象，大多是由堵漏材料的封门造成的，室内为了更真实地评价堵漏材料的封堵效果，对封堵后表层形成的封门滤饼进行了清除（图 5-8），再使用钻井液进行承压测试，更能真实地反应堵漏材料的实际封堵效果。实验评价结论如下：

（1）现场配方对 20~40mm 大砂床侵入能力较好，清除滤饼后，仍能承压 7MPa；

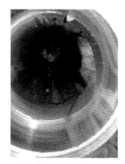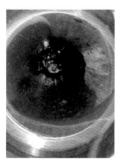

| (a)小砂床封堵后清除 | (b)大砂床封堵后清除 | (c)清除封门后承压能力 |
| 表层滤饼 | 表层滤饼 | |

20~40mm砂床
模拟3000~5000μm缝隙　清除封门滤饼后钻井液承压7MPa

4~10mm砂床
模拟3000~5000μm缝隙　清除封门滤饼后钻井液承压1MPa

图 5-8　现场配方对不同砂床的封堵效果和封门情况

（2）现场配方大颗粒、大纤维较多，对4~10mm砂床侵入能力较差，有明显封门现象，清除滤饼后，不能有效承压；

（3）由于现场裂缝缝宽的未知性、偶然性、广谱性，建议优化该现场配方中堵漏颗粒粒径分布，使其能同时对大砂床及小砂床形成有效封堵。

2）现场配方优化实验

室内通过对现场配方各材料的比例进行调整，优化各种粒径的占比，以便在不封门的前提下，达到同时封堵不同裂缝的效果。通过以下几个典型配方实验可以看出各种粒径比例配方（图5-9）堵漏效果（图5-10）的明显区别。

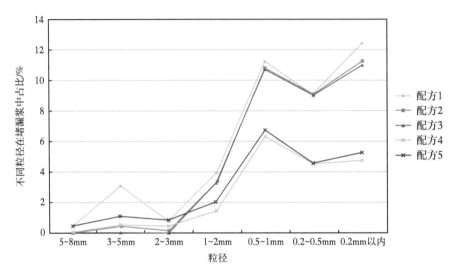

图5-9　不同配方的粒径分布情况

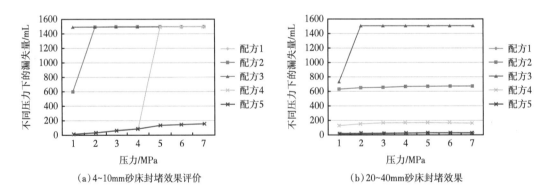

（a）4~10mm砂床封堵效果评价　　　　（b）20~40mm砂床封堵效果

图5-10　不同配方对不同砂床缝隙的封堵效果

配方1（失返性漏失原配方）：井浆+6%JD-5+5%FDJ-1+2%FDJ-2+8%WNDK-1+7%WNDK-2+7%WNDK-3+6%WNDK-4。

配方2：井浆+6%JD-5+1%FDJ-1+8%WNDK-1+7%WNDK-2+7%WNDK-3+6%WNDK-4。

配方3：井浆+6%JD-5+8%WNDK-1+7%WNDK-2+7%WNDK-3+6%WNDK-4。

配方 4：井浆 +0.5%JD-5+1.5%NTBASE+6.5%WNDK-2+2.5%WNDK-3+5%WNDK-4+1%HTK（细）+1%HTK（中）。

配方 5：井浆 +0.5%JD-5+3%NTBASE+6.5%WNDK-2+2.5%WNDK-3+5%WNDK-4+1%HTK（细）+2%HTK（中）+0.5%HTK（粗）。

配方 6：井浆 +0.5%JD-5+3%NTBASE+6.5%WNDK-2+2.5%WNDK-3+5%WNDK-4+1%GUARD3000+2%GUARD5000+0.5%GUARD7000。

对比不同粒径分布的现场堵漏配方对两种不同缝隙的封堵效果，可以得到以下认识：

（1）现场堵剂 FDJ 粒径较大，团状纤维较多，堵漏时易封门，室内对现场堵剂的配方粒径优化，以 0.5~1mm 粒径为主，加入少量 HTK 大颗粒进行诱导封堵，用 NTBASE 纤维进行辅助架桥，能有效降低封门概率，提升堵漏效果；

（2）对比数据可以看出，优化后的配方 5 能同时有效封堵 4~10mm 砂床及 20~40mm 砂床，说明配方 5 适用性广，能有效应对地层裂缝的未知情况；

（3）堵漏后拆解观察砂床发现，配方 5 的堵剂是有效侵入的，并且与水基钻井液的黏土颗粒有一定胶结作用，侵入性和胶结性有助于提高井壁承压及抗返吐能力。

对配方 5 进一步优化，加入强度较高的大颗粒材料，形成配方 6。进一步对室内实验各配方进行了天然裂缝的封堵效果评价。

通过分析裂缝封堵实验评价得到的封堵效果（图 5-11），可以得到以下认识：

（1）关于配方 1（原有失返性漏失堵漏配方），对于开度较大的天然裂缝，在封堵效果上存在一定不足。封堵 1~2mm 天然裂缝时，封门明显，堵剂进入裂缝较少，导致有效承压较低，封堵 3~5mm 裂缝时，则由于材料本身强度不足，导致承压能力较低；配方 2 至配方 4 也有不足。

（2）配方 5，由于 HTK 强度不足，限制了承压能力的提高；配方 6 因加入强度较高的大颗粒材料，有效提高了封堵承压能力。

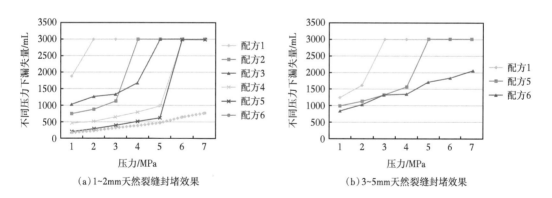

图 5-11 不同配方对不同天然裂缝的封堵效果

三、长宁区块 215.9mm 井眼堵漏配方评价及优化

1. 堵剂配伍性评价

长宁区块三开井段龙马溪组主要使用油基钻井液，其漏速普遍较小，随钻堵漏成功

率较高，用于油基钻井液的随钻堵漏剂应满足与钻井液配伍的要求。因此，室内优先对材料的配伍性进行评价。室内测试了常用堵剂对油基钻井液性能的影响。钻井液性能测试方法：在现场油基钻井液浆中加入5%堵剂颗粒，高速搅拌30min后，在90℃下热滚16h，筛除堵剂后，测试流变性及破乳电压（表5-5）。

表5-5　长宁区块现场堵材料与油基配伍性评价

堵剂种类	表观黏度 AV/（mPa·s）	塑性黏度 PV/（mPa·s）	切应力 YP/Pa	破乳电压 ES/V
空白	102	82	20	1384
HTK	105	88	17	1070
DF	116	94	22	986
LCM	104	86	18	1079
GT-MF	108	87	21	849
SD-803（综合）	105	87	18	1316
PZDL	112	90	22	1289
随钻	108	88	20	1277
FDJ-1	124	101	25	698
Preseal（石墨类）	102	82	20	1319

表5-5结果显示，长宁页岩气区块现场油基钻井液专用的堵漏剂主要有LCM、GT-MF、SD-803等，其中LCM、GT-MF和FDJ-1对破乳电压影响较大，随钻使用时应注意及时调控钻井液破乳电压等性能。

2. 随钻堵漏评价

渗漏封堵评价：采用20~40目砂床模拟地层微渗条件，使用不同桥堵配方测试钻井液侵入情况和承压能力。

侵入实验条件：20~40目砂床，0.7MPa压力下承压30min。

侵入实验配方：

（1）现场浆；

（2）现场浆+2%单封+1%超细钙+1%随钻堵漏剂；

（3）现场浆+4%Preseal随钻堵漏剂。

侵入实验效果如图5-12所示，Preseal石墨类堵剂具有较好的封堵效果。

室内评价了现场油基钻井液常用的随钻堵漏配方（表5-6），砂床模拟的孔缝为50~200μm，单封、随钻堵漏剂等材料配方在压力升高时，表现出漏失量增大，原因在于堵剂本身的承压能力不足，使用Preseal石墨类堵剂的配方则抗压封堵效果相对较好。

（a）全部侵入（配方1）　　　（b）侵入10cm（配方2）　　　（c）侵入4.3cm（配方3）

图 5-12　不同随钻堵漏剂的封堵效果评价

表 5-6　不同随钻堵漏微漏封堵承压情况

配方	不同压力下 30min 的漏失量 /mL				
	1MPa	2MPa	3MPa	4MPa	5MPa
井浆 +2.5%DF+1.25%WNDK-4+1.25% 随钻堵漏剂	0	5	10	15	16
井浆 +4%Preseal 随钻堵漏剂	0	3	8	12	15
井浆 +10%Preseal 随钻堵漏剂	0	0	4	6	7
井浆 +20%Preseal 随钻堵漏剂	0	0	0	0	0

3. 现场堵漏配方的评价与优化

长宁现场油基段漏速大多在 $30m^3/h$ 以内，室内使用 4~10 目砂床及天然裂缝模拟实验评价和优化了现场堵漏配方。实验配方（图 5-13）如下：

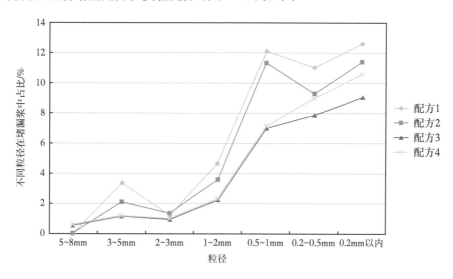

图 5-13　不同配方的粒径分布情况

配方 1（现场常用配方）：井浆 +3%FDJ-1+2%DF+4%JD-5+3%WNDK-4+2%GT-MF+3%SD-803+3%LCM。

配方 2：井浆 +0.5%JD-5+2%DF+3%WNDK-4+2%GT-MF+3%SD-803+3%LCM+1%HTK（细）+1%HTK（中）。

配方 3：井浆 +0.5%JD-5+2%DF+3%WNDK-4+2%GT-MF+3%SD-803+3%LCM+1%HTK（细）+2%HTK（中）+0.5%HTK（粗）。

配方 4：井浆 +0.5%JD-5+2%DF+3%WNDK-4+2%GT-MF+3%SD-803+3%LCM+1%GUARD3000+2%GUARD5000+0.5%GUARD7000。

从砂床空隙封堵评价结果（图 5-14）可以看出：

（1）现场油基钻井液常用堵漏配方封堵时封门现象较为明显，封堵效果不理想，调整粒径匹配后能有效封堵 4~10 目砂床，但植物类材料抗温性仍存在问题，老化后由于强度降低，体现在封堵效果上则是承压能力明显有所下降，配方 4 的封堵效果稍好；

（2）常规植物类材料在油基钻井液封堵时，形成的封堵段胶结状态比在水基钻井液中要差，这是因为材料不能与油基钻井液中的黏土产生一定的胶结作用。

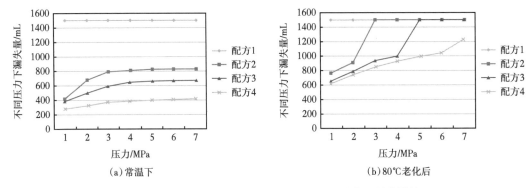

图 5-14　不同配方在不同温度下对 4~10 目砂床的封堵效果

进一步利用天然裂缝型的漏失封堵设备开展实验进行封堵效果评价。

从裂缝型封堵实验评价结果（图 5-15 和图 5-16）可以看出：

（1）现场油基钻井液堵漏配方在封堵 1~2mm 天然裂缝时封门明显，封堵效果较差，封堵 3~5mm 天然裂缝时，则表现出承压能力较低，原因在于堵剂材料本身的强度较低；

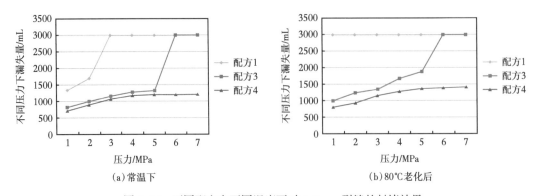

图 5-15　不同配方在不同温度下对 1~2mm 裂缝的封堵效果

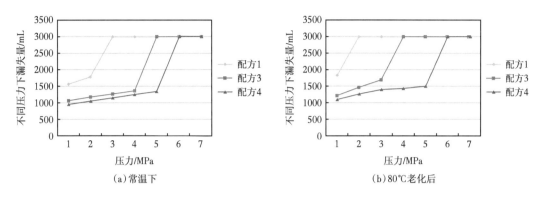

(a)常温下　　　　　　　　　　(b)80℃老化后

图 5-16　不同配方在不同温度下对 3~5mm 裂缝的封堵效果

（2）现场现有材料在封堵油基段裂缝时，尤其是 3~5mm 大裂缝，明显看出材料高温老化后封堵效果迅速下降，在大颗粒材料的选择上，还是应该考虑抗温性好的高强度材料，配方 4 封堵效果稍好。

第三节　桥塞堵漏材料与技术

一、桥塞堵漏颗粒材料的优选

1. 技术要求

长宁区块 311.2mm 井眼漏失地层以中粉砂岩、石灰岩为主。天然裂缝发育，易发生大漏，桥浆堵漏表现出较好的效果，使用材料的最大粒径通常为 3~5mm。长宁区块 215.9mm 井眼漏失地层以页岩为主，天然微裂缝发育，且裂缝易在压力诱导下张开，常用的堵漏颗粒最大为 1~3mm。通过对现场堵剂及配方进行评价与优化后，可以看出，现场堵漏配方整体具备一定封堵效果，但堵剂本身的种类、粒径匹配、抗温抗压性能还需优化，需要对堵剂进行优选研究，以便形成有效的堵漏或封堵配方。首先需要选择使用合理的堵漏颗粒，增加桥浆及随钻堵漏的成功率。

堵漏颗粒技术设计方案如图 5-17 所示。

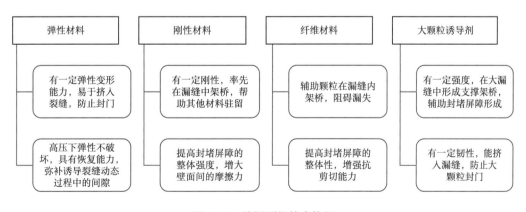

图 5-17　堵漏颗粒技术构想

2. 堵漏颗粒材料的性能评价

表 5-7 为堵漏材料的抗温性评价结果。堵漏材料中，核桃壳、杏壳、FD、竹粉、锯末等堵漏材料属于植物类堵漏材料，从实验现象可以看出，植物类堵漏材料在 80℃ 环境下已经开始变色，在 110℃ 环境下 16h 后开始出现明显变色或烧焦现象，说明植物类堵漏材料在高温环境下老化一定时间后，材料的性质发生了改变，同时强度降低。橡胶粒、生贝壳、玻璃纤维等 110℃ 环境下 16h 老化后，强度也降低。石墨、弹性石墨、碳酸钙、石英砂、云母片、蛭石、硅酸盐等抗温性能较好。

表 5-7　颗粒材料的抗温性评价

温度　　　　　堵漏材料	50℃	80℃	110℃
核桃壳	外观有变色	变色明显，强度有轻微下降	变色明显，强度有轻微下降
杏壳	外观略有变色	外观有变色，强度降低	外观有变色，强度降低
FD	外观略有变色	外观有变色，强度降低	外观有变色，强度降低
橡胶粒	外观及强度不变	变软	变软
硅酸盐纤维	外观及强度不变	外观及强度不变	外观及强度不变
蛭石颗粒	外观及强度不变	外观及强度不变	外观及强度不变
碳酸钙颗粒	外观及强度不变	外观及强度不变	外观及强度不变
石墨	外观及强度不变	外观及强度不变	外观及强度不变
石英砂	外观及强度不变	外观及强度不变	外观及强度不变
竹粉	外观略有变色	外观有变色，强度降低	外观有变色，强度降低
生贝壳	外观及强度不变	外观及强度不变	变色明显，强度有轻微下降
云母片	外观及强度不变	外观及强度不变	外观及强度不变
玻璃纤维	外观及强度不变	外观及强度不变	外观有变色，强度降低
锯末	外观略有变色	变色明显，强度降低	变色明显，强度降低
弹性石墨	外观及强度不变	外观及强度不变	外观及强度不变

堵漏材料在裂缝中形成封堵层后，当外力（裂缝闭合应力或液柱和地层压力之差）超过堵漏材料的抗压强度时，堵漏材料受挤压发生破碎，封堵层发生失稳破坏，因此堵漏材料抗压强度取决于封堵层承压能力。刚性架桥颗粒通过架桥作用在漏失通道形成封堵层以后，必须具有一定的抗压强度，用于承受钻井液液柱压力、地层压力等作用。以堵漏材料抗压破碎率为指标，评价堵漏材料抗压强度。采用压力机向堵漏材料加压，室内分别称取 3~5mm 核桃壳、0.5~1mm 蛭石、碳酸钙、石墨各 15g，将不同测试样品放入压力容器中抚平，稳压 10min 后，称量堵漏材料受压后过 20 目标准筛的筛余量，计算破碎率。结果（表 5-8）显示，石墨的破碎率较小。

表 5-8　颗粒材料的抗压性评价

材料	压力 /MPa	外观		破碎率 /%
		承压前	承压后	
核桃壳（3~5mm）	5	颗粒	颗粒破碎	68
	10	颗粒	压实成粉	74
	15	颗粒	压实成粉	77
蛭石（0.5~1mm）	25	颗粒	颗粒破碎	32
	30	颗粒	颗粒破碎	46
	35	颗粒	颗粒破碎	62
	40	颗粒	颗粒破碎	65
碳酸钙（0.5~1mm）	25	颗粒	颗粒破碎	28
	30	颗粒	颗粒破碎	39
	35	颗粒	颗粒破碎	51
	40	颗粒	颗粒破碎	56
石墨（0.5~1mm）	40	颗粒	保持颗粒	6.27

3. 弹性材料

国内外长期的研究结果表明，堵漏颗粒应具备足够的强度和高压状态下较好的可压缩性及回弹能力，即当存在压差时，可以产生变形，卸去压差后形变恢复，不仅能够楔入裂缝而且可以较严密地将其封堵，这使它能够封堵足够宽的裂缝的尖端范围，同时能够防止裂缝动态开合下的返吐现象。弹性颗粒是一种受到挤压会发生变形的物质，其本身具有很好的韧性，在进入漏失地层后受挤压变形，可以对不同形状的漏失通道进行封堵，从而减少了该地层的漏失损失。

弹性石墨材料本身具有双组分碳结构，在井底正压差的作用下发生一定的变形，可以有效封堵裂缝且具有良好的韧性、弹性和抗温性。

橡胶类堵漏材料具有较好的弹韧性，易形变、膨胀、自封，物理及化学稳定性好等。堵漏作业中，由于井下压力导致橡胶变形，橡胶颗粒可以顺利进入漏层孔隙，不会出现常规堵漏材料"封门"的现象。进入漏层孔隙的橡胶颗粒在压力的持续作用下，会膨胀封闭漏失通道，达到"进得去、停得住"的效果。橡胶具有极高的惰性，在漏层里不易发生物理和化学变化，可保持堵漏段塞的稳定性。

几种弹性材料的抗温性和抗压能力评价结果见表 5-9。

评价结果表明，在高温条件下，HIFLEX150、H-Seal、HIFLEX2500 等弹性石墨类材料比橡胶、塑料类材料更能保持性能的稳定。

表 5-9 几种弹性材料抗高温及抗高压能力评价

弹性材料	80℃ 状态	110℃ 状态	抗压情况
硅橡胶	较软，无强度	较软，无强度	10MPa 无弹性恢复
丁腈橡胶	较软，无强度	较软，无强度	10MPa 无弹性恢复
氯丁橡胶	较软，无强度	较软，无强度	10MPa 无弹性恢复
PPS 塑料	较软，无强度	较软，无强度	10MPa 无弹性恢复
PFS 塑料	较软，无强度	较软，无强度	10MPa 无弹性恢复
PI 塑料	较软，无强度	较软，无强度	10MPa 无弹性恢复
HIFLEX2500 石墨	无明显变化	无明显变化	10MPa 弹性恢复明显
HIFLEX150 石墨	无明显变化	无明显变化	10MPa 弹性恢复明显
H-Seal 石墨	无明显变化	无明显变化	10MPa 弹性恢复明显

弹性堵漏材料的封堵效果关键在于其弹韧性及受压后的回弹能力，因此通过室内实验进一步评价了石墨材料的不同高压下的回弹能力（表 5-10）。

表 5-10 石墨类材料 10MPa 压力下的回弹能力测试数据

样品	实验样品初始体积 /cm³	加压后样品体积 /cm³	卸压后样品的体积 /cm³	样品回弹体积 /cm³
HIFLEX150	60.05	37.53	42.82	5.29
HIFLEX2500	60.05	35.78	39.55	3.77
H-Seal	60.05	30.67	34.12	3.45

结果显示，HIFLEX150、HIFLEX2500、H-Seal 石墨均具有回弹能力。

室内进一步研究了不同压力下，HIFLEX150 的回弹能力测试（图 5-18）。

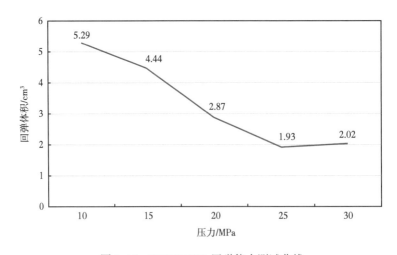

图 5-18 HIFLEX150 回弹能力测试曲线

评价结果显示，实验压力越大，弹性材料的回弹能力越差，在 25MPa 以后，回弹体积变化趋于平稳。

4. 刚性材料

刚性颗粒在封堵层结构中起着骨架的作用，具有高硬度、不易变形的特点。在实际作业中，石英、核桃壳或者破碎的岩屑常用来作为刚性颗粒。使用刚性颗粒进行封堵时，颗粒易在裂缝狭窄处架桥，后面的颗粒撞击前面架桥颗粒而停止运动，形成堆积。单独使用刚性颗粒进行封堵时，需要不同粒径的刚性颗粒逐级进行填充，但由于颗粒的尺寸及形状的限制，单用刚性颗粒形成的封堵层不够致密，需要加入填充粒子。

1）刚性颗粒粒径

刚性颗粒通常为不规则多边形，要想刚性颗粒在裂缝狭窄处架桥，首先刚性颗粒的最大尺寸应该小于裂缝端面处的宽度，否则颗粒过大而进入不了裂缝中，只能在裂缝端面处封门，使其他的堵漏材料也难以进入裂缝中，不能达到有效封堵目的；其次刚性颗粒的最大尺寸应该大于裂缝狭窄处宽度。根据架桥颗粒粒径的选择原则，封堵裂缝的颗粒粒径 d 的范围是 $0.6D \leqslant d \leqslant D$（$D$ 为缝宽）。表 5-11 为颗粒材料粒度级别划分典型方法。

表 5-11 颗粒材料典型粒度级别划分

粒级	粒径 /mm	目数
A	> 2.000	< 10
B	0.900~2.000	10~20
C	0.400~0.900	20~40
D	0.200~0.400	40~80
E	0.074~0.200	80~200

2）刚性颗粒抗压强度

刚性颗粒作为主要的架桥粒子，除了粒径的要求外，其抗压强度也是主要的评价指标。表 5-12 是收集的常用刚性颗粒的基本性能。在满足储层温度条件下，选择密度（钻井完井液中悬浮性的主要指标）相对较小、强度能够满足实际地层需要的刚性颗粒材料。

表 5-12 各类颗粒材料基本性能

材料名称	密度 /（g/cm³）	熔点 /℃	莫氏硬度	常温下抗压能力 /MPa
核桃壳	1.20~1.40	> 148	3.0	14.00
贝壳	2.70~3.10	> 148	2.5~3.0	2.18
云母	2.70~2.80	> 148	3.0	17.60
蛭石	2.40~2.70	> 148	1.0~1.5	5.60
JHCarb	2.70~2.95	> 1000	3.0	16.00
石英	2.65	> 148	7.0	24.00
陶粒	3.35	> 1000	—	52.00

刚性颗粒架桥不仅仅是颗粒材料"单板"式的架桥，多数情况下是多颗粒材料相互支撑、相互依托的堆砌式架桥。由于刚性颗粒材料材质硬、应力分散，一旦形成架桥就具有了相当强的抗压能力。刚性颗粒封堵层的理论强度与架桥颗粒的强度成正比关系，即架桥颗粒的强度越高，形成的封堵层强度越高，因此选用高强度的刚性颗粒架桥，有利于保证封堵层的强度，提高堵漏效果。

$$p_{\max} = \left(\frac{4S}{3}\right) \times \left(\frac{L}{2}\right)^2 \times \left(\frac{h}{W}\right)^2 \qquad (5-1)$$

式中：$p_{\max}$ 为承受最大压力，N；S 为刚性颗粒抗拉或抗压强度，MPa；L 为颗粒长度，mm；h 为颗粒宽度或厚度，mm；W 为裂缝宽度，mm。

室内通过对刚性材料参数的比对及实验，优选出一种由可酸溶的高纯度碳酸钙粉末构成的颗粒状的暂堵剂 JHCarb 和另一种在水基钻井液、油基（或合成基）钻井液中通用的可用于封堵渗透地层的包含粗、中、细粒径的碳颗粒的堵漏剂 Graph。

5. 纤维材料

纤维类堵漏材料主要以植物纤维为主，另外还有动物纤维、矿物纤维及合成纤维等。常见的纤维堵漏材料包括未加工的棉花（原棉）、雪松木纤维、尼龙纤维、甘蔗渣、亚麻纤维、树皮纤维、纺织用纤维、矿物纤维、皮革、玻璃纤维、泥炭苔、羽毛和甜菜渣等。

纤维堵漏材料主要用于大裂缝或孔洞型地层钻井井漏的防治。纤维堵漏材料被加入钻井液中配成堵漏浆打入井眼后，纤维堵漏材料形成一个织垫在多孔地层形成桥接。这些垫子会减少地层裂缝或孔洞的开口尺寸，以便堵漏浆或钻井液中的胶粒迅速形成滤饼完全封闭地层。

纤维的最大尺寸和尺寸分布对封堵效果的影响比纤维的组成成分更加重要。不同纤维材料的物理化学特性，影响纤维堵漏材料的纤维长度分布，以及在钻井液体系中抗分解能力和抗降解能力。例如皮革和石棉纤维堵漏材料的纤维最大尺寸，就比甘蔗渣或树皮纤维堵漏材料的纤维最大尺寸小；甘蔗渣和原棉纤维显示出比泥炭苔和甜菜渣更好的抗分解性能。

1）纤维类堵漏材料类别选择

（1）硬纤维材料。

硬纤维是指纤维材料的抗弯强度相对较大（表 5-13），在漏失初始阶段能够在裂缝端面形成初步架桥，并捕获钻井完井液中的其他堵漏材料，与软纤维一起形成网架结构，达

表 5-13　常见纤维材料 3mm 刚度

纤维类型	弹性模量 /GPa	直径 /μm	刚度 /（N/m）
稻草	6.0	15	0.042
棉花	8.0	16	0.07
碳纤维	300.0	15	2.1
甘蔗渣	4.5	400	16000
聚合纤维	3.0	10~2000	0.04~6700000
动物毛发	10.0	20~2000	0.2~2200000

到快速架桥的目的。当流压增大时，硬纤维发生挤压弯曲，整个网架结构随之进入裂缝中，与其他堵漏材料一起形成封堵层，维持封堵层的整体稳定性。

硬纤维的主要功能是在裂缝端面处形成初步的架桥，进一步捕获软纤维和其他堵漏材料。如果硬纤维过短，则不容易在裂缝的端面形成架桥；如果硬纤维过长，则压力增加后不容易随着其他物质一同压入裂缝中，相当于硬纤维失效。因此，对于硬纤维长度的选择应该有一定的范围。首先，硬纤维的长度应该大于裂缝宽度，其次，硬纤维的长度刚好能够被均匀载荷压入相应宽度的裂缝。

（2）软纤维材料。

相对于硬纤维材料，软纤维长度短、刚性弱，在钻井完井液中加入软纤维后均匀分散，一同进入裂缝中，随着硬纤维在裂缝端面处架桥，软纤维被架桥的硬纤维捕获，柔软的软纤维相互牵扯，组成更加致密的网状体，形成纤维网架结构，此时，该网架结构相当于减小了裂缝的横截面积，使漏失逐步转变为滤失，减弱了压力向裂缝深处的传播。因此，软纤维起着填充、增密的重要作用。

通过观察分析软纤维的结构特征，发现单条纤维长度更长，呈长片状，棱边呈锯齿状，大量聚集在一起后，相互勾连，密度小且较为蓬松，充分搅拌后能均匀地分布在钻井完井液中；软纤维由软质悬浮纤维加入硅藻土、助滤剂等复合而成，其长度短，容易相互成团，能够快速发生滤失，形成有效封堵。

2）纤维材料的分散性

（1）矿物纤维。

矿物纤维是从纤维状结构的矿物岩石中获得的纤维，具有良好的分散性，适合用各类混料机混拌，纤维平均长度 1.0~3.5mm，纤维平均直径 3.0~8.0μm，产品外观均匀一致，质感好。

选取了五种矿物纤维（KW-1、KW-2、TC-3、HPS-4、HPS-5）观察分析其分散性（图 5-19 至图 5-23）。

(a) KW-1 在水中　　(b) KW-1 在柴油中　　　　　　(a) KW-2 在水中　　(b) KW-2 在柴油中

图 5-19　KW-1 的分散情况　　　　　　　　图 5-20　KW-2 的分散情况

结果显示，五种不同类型的矿物纤维都能很好地分散在水中；但是 TC-3 在油中分散较差，其余四种矿物纤维都能很好地分散在油中；但是静置以后 KW-1、KW-2、TC-3 都会较快沉淀，而 HPS-4、HPS-5 可以悬浮在水和油中。

（a）TC-3在水中　　　　（b）TC-3在柴油中

图 5-21　TC-3 的分散情况

（a）HPS-4在水中　　　　（b）HPS-4在柴油中

图 5-22　HPS-4 的分散情况

（a）HPS-5在水中　　　　（b）HPS-5在柴油中

图 5-23　HPS-5 的分散情况

（2）合成纤维。

合成纤维是用合成高分子化合物作原料而制得的化学纤维的统称。成分是以小分子的有机化合物为原料，经加聚反应或缩聚反应合成的线型有机高分子化合物，如聚丙烯腈、聚酯、聚酰胺等。合成纤维具有耐高温、耐腐蚀、高强度等特点。

观察分析了 FUN-1、FUN-2、JBX、JZ-3、FIB-S、HiFIBRE 等合成纤维的分散性（图 5-24 至图 5-29）。其中 JBX、JZ-3、FIB-S 纤维在水中分散性不好，FIB-S 在水中漂浮在水面，但是三者能均匀地分散和悬浮在油中；FUN-1、FUN-2 虽然在水中和油中具有较好的分散性，但是易沉降；HiFIBRE 在油和水中都具有较好的分散性和悬浮性。

（a）FUNA-1在水中　　　　（b）FUNA-1在柴油中

图 5-24　FUNA-1 的分散情况

（a）FUNA-2在水中　　　　（b）FUNA-2在柴油中

图 5-25　FUNA-2 的分散情况

（a）JZ-3在水中　　（b）JZ-3在柴油中

图 5-26　JZ-3 的分散情况

（a）JBX在水中　　（b）JBX在柴油中

图 5-27　JBX 的分散情况

（a）FIB-S在水中　　（b）FIB-S在柴油中

图 5-28　FIB-S 的分散情况

（a）HiFIBRE在水中　　（b）HiFIBRE在柴油中

图 5-29　HiFIBRE 的分散情况

根据各纤维在水中或油中的分散性能及悬浮稳定性，选用 HPS-4、HPS-5、HiFIBRE 和 JBX、JZ-3、FIB-S 等纤维作为堵漏实验备选材料。

6. 诱导材料

大颗粒诱导剂在桥浆堵漏中起着重要作用，在漏缝中形成卡点后，能形成局部流速差异，协助裂缝中的堵漏浆局部浓集，并迅速扩散到裂缝整体中。

长宁区块目前所使用的大颗粒主要为 1~3mm、3~5mm 的核桃壳，抗压强度差，不易发挥大颗粒的诱导封堵功效。室内开发的 GUARD 诱导剂（图 5-30）具有不同的粒径规格，具有不同形状和粒径度，其规格有 1~2mm、2~3mm、3~5mm、5~7mm 等多种粒径，具有一定的强度和不规则的形状，更有利于在漏缝中诱导封堵。

核桃壳　　　　GUARD-3000　　　　GUARD-5000　　　　GUARD-7000

图 5-30　现有大颗粒诱导剂

7. 复合堵漏剂优选

1）"SEAL"系列复合堵漏剂介绍

根据实验研究，由刚性粒子、弹性材料、韧性材料及纤维材料等调配了"SEAL"系列复合堵漏剂 Blockseal、Dualseal、Hardseal（表 5-14）。采用一袋式包装，具备操作简单、使用方便的特点。

"SEAL"系列复合堵漏剂主要由具有适度粗细的多种粒径的惰性高强度材料组成，含有多元化的材料类型和具有相对宽的粒径分布，使其具有较好的封堵性能和提承压能力，且封堵层抗返吐能力强。可以在油基钻井液和水基钻井液中通用，也可作为暂时消耗性随钻堵漏材料。用作堵漏施工时，颗粒快速集聚能力强，堵漏颗粒可以实现在裂缝中的流速差异性浓集，所形成的堵漏屏障抗剪切强度高。

表 5-14 "SEAL"系列复合堵漏剂介绍

材料名称	特点	外观
Blockseal 复合堵漏剂	（1）由 1.5mm 以下各种粒径的不同类型的惰性材料组成； （2）具有很好的弹塑性和强度，可有效封堵裂缝，提高承压能力，防止返吐的发生； （3）抗温能力可达到 200℃，承压能力大于 7MPa； （4）一袋式材料，现场加料方便； （5）单独使用可实现不起钻堵漏	
Dualseal 复合堵漏剂	（1）由 1.5mm 以下各种粒径的不同类型的惰性材料组成； （2）含有弹性材料，具有很好的弹韧性，在高压下形变后，恢复能力强； （3）抗温能力可达到 200℃，承压能力大于 7MPa； （4）一袋式材料，现场加料方便； （5）单独使用可实现不起钻堵漏	
Hardseal 复合堵漏剂	（1）由 1.5mm 以下各种粒径的不同类型的惰性材料组成； （2）含有一种高强度、不易压碎、不变形的刚性材料颗粒，在裂缝中可起到骨架作用； （3）抗温能力可达到 200℃，承压能力大于 10MPa； （4）一袋式材料，现场加料方便； （5）单独使用可实现不起钻堵漏	

2）孔隙封堵能力实验

室内采用 4~10mm 砂砾模拟地层孔隙，分别测试 Blockseal、Hardseal、Dualseal 复合堵漏剂的封堵能力。

实验堵漏配方：现场钻井液 + 复合堵漏剂（$\rho=1.3g/cm^3$）。

实验仪器：高温高压堵漏仪。

（1）Blockseal 孔隙型封堵情况。

测试常温、120℃、180℃ 等不同温度状态下不同 Blockseal 加量的封堵能力，结果见表 5-15。

表 5-15　Blockseal 孔隙封堵情况

样品加量	实验温度 /℃	漏失情况	封堵承压 /MPa	侵入深度 /cm
5%Blockseal	常温	1MPa，45s 漏完	—	—
7.5%Blockseal	常温	3MPa，55s 漏完	—	—
10%Blockseal	常温	逐步加压至 4MPa，共漏失 525mL	4	—
	120	逐步加压至 4MPa，共漏失 635mL	5	—
	180	逐步加压至 5MPa，共漏失 680mL	5	—
12.5%Blockseal	常温	逐步加压至 6MPa，共漏失 425mL	6	—
	120	逐步加压至 6MPa，共漏失 495mL	6	—
	180	逐步加压至 6MPa，共漏失 510mL	6	—
15%Blockseal	常温	逐步加压至 7MPa，共漏失 365mL	7	4.6
	120	逐步加压至 7MPa，共漏失 380mL	7	4.5
	180	逐步加压至 7MPa，共漏失 395mL	7	4.3

（2）Hardseal 孔隙型封堵情况。

测试常温、50℃、80℃ 等不同温度状态下不同 Hardseal 加量的封堵能力，结果见表 5-16。

表 5-16　Hardseal 孔隙封堵情况

样品加量	实验温度 /℃	漏失情况	封堵承压 /MPa	侵入深度 /cm
5%Hardseal	常温	1MPa，45s 漏完	—	—
7.5%Hardseal	常温	3MPa，55s 漏完	—	—
10%Hardseal	常温	逐步加压至 3.5MPa，共漏失 631mL	3.5	—
	50	逐步加压至 4MPa，共漏失 642mL	4.0	—
	80	逐步加压至 5MPa，共漏失 690mL	4.0	—
12.5%Hardseal	常温	逐步加压至 6MPa，共漏失 425mL	5.0	—
	50	逐步加压至 6MPa，共漏失 495mL	5.0	—
	80	逐步加压至 6MPa，共漏失 510mL	5.0	—
15%Hardseal	常温	逐步加压至 7MPa，共漏失 365mL	6.0	2.6
	50	逐步加压至 7MPa，共漏失 380mL	6.0	2.5
	80	逐步加压至 7MPa，共漏失 395mL	6.0	2.3

（3）Dualseal 孔隙型封堵情况。

测试常温、50℃、80℃ 等不同温度状态下不同 Dualseal 加量的封堵能力，结果见表 5-17。

表 5-17　Dualseal 孔隙封堵情况

样品加量	实验温度 /℃	漏失情况	封堵承压 /MPa	侵入深度 /cm
5%Dualseal	常温	1.5MPa，35s 漏完	—	—
7.5%Dualseal	常温	3.5MPa，49s 漏完	—	—
10%Dualseal	常温	逐步加压至 4.5MPa，共漏失 720mL	4.5	—
	50	逐步加压至 4.5MPa，共漏失 742mL	5.0	—
	80	逐步加压至 4.5MPa，共漏失 763mL	5.0	—
12.5%Dualseal	常温	逐步加压至 6.5MPa，共漏失 446mL	6.5	—
	50	逐步加压至 6.5MPa，共漏失 455mL	6.5	—
	80	逐步加压至 6.5MPa，共漏失 410mL	6.5	—
15%Dualseal	常温	逐步加压至 7MPa，共漏失 365mL	7.0	4.1
	50	逐步加压至 7MPa，共漏失 380mL	7.0	4.0
	80	逐步加压至 7MPa，共漏失 395mL	7.0	3.8

从表 5-15 至表 5-17 实验结果可以看出，"SEAL"系列堵漏材料对孔隙型漏失的封堵效果都较好，最优加量都是 15%。

3）裂缝封堵能力实验

使用 2mm 天然裂缝评价"SEAL"系列堵漏材料对裂缝的封堵能力。

实验堵漏配方：现场油基钻井液 + 复合堵漏剂（ρ=1.8g/cm³）。

实验仪器：天然裂缝承压高温高压堵漏仪。

（1）Blockseal 裂缝型封堵效果。

测试 80℃、110℃ 等不同温度状态下不同 Blockseal 加量封堵能力，结果见表 5-18。

表 5-18　Blockseal 裂缝封堵情况

样品加量	实验温度 /℃	漏失情况	封堵承压	侵入深度 /cm
5%Blockseal	80	1MPa，30s 漏完	未形成封堵，不承压	—
10%Blockseal	80	1MPa，31s 漏完	未形成封堵，不承压	—
15%Blockseal	80	逐步加压至 4MPa，共计漏失 1850mL	承压 4MPa，5MPa 漏完	—
	110	逐步加压至 3MPa，共计漏失 1960mL	承压 3MPa，4MPa 漏完	—
20%Blockseal	80	逐步加压至 6MPa，共计漏失 432mL	承压 6MPa，5.5MPa 漏完	—
	110	逐步加压至 6MPa，共计漏失 456mL	承压 6MPa，5.5MPa 漏完	—
25%Blockseal	80	逐步加压至 6MPa，共计漏失 260mL	承压 6MPa，7MPa 漏完	—
	110	逐步加压至 6MPa，共计漏失 271mL	承压 6MPa，7MPa 漏完	—

（2）Hardseal 裂缝型封堵效果。

测试 80℃、110℃ 等不同温度状态下不同 Hardseal 加量封堵能力，结果见表 5-19。

表 5-19　Hardseal 裂缝封堵情况

样品加量	实验温度 /℃	漏失情况	封堵承压	侵入深度 /cm
5%Hardseal	80	1MPa，25s 漏完	未形成封堵，不承压	—
10% Hardseal	80	2MPa，27s 漏完	未形成封堵，不承压	—
15% Hardseal	80	逐步加压至 4MPa，共计漏失 1425mL	承压 4MPa，5MPa 漏完	—
	110	逐步加压至 4MPa，共计漏失 1550mL	承压 4MPa，5MPa 漏完	—
20%Hardseal	80	逐步加压至 6MPa，共计漏失 690mL	承压 6MPa，7MPa 漏完	—
	110	逐步加压至 6MPa，共计漏失 650mL	承压 6MPa，7MPa 漏完	—
25%Hardseal	80	逐步加压至 6MPa，共计漏失 470mL	承压 6MPa，7MPa 漏完	—
	110	逐步加压至 6MPa，共计漏失 271mL	承压 6MPa，7MPa 漏完	—

（3）Dualseal 裂缝型封堵效果。

测试 80℃、110℃ 等不同温度状态下不同 Dualseal 加量封堵能力，结果见表 5-20。

表 5-20　Dualseal 裂缝封堵情况

样品加量	实验温度 /℃	漏失情况	封堵承压	侵入深度 /cm
5%Dualseal	80	2MPa，28s 漏完	未形成封堵，不承压	—
10%Dualseal	80	3MPa，29s 漏完	未形成封堵，不承压	—
15%Dualseal	80	逐步加压至 5MPa，共计漏失 1625mL	承压 5MPa，4.5MPa 漏完	—
	110	逐步加压至 5MPa，共计漏失 1650mL	承压 5MPa，4.5MPa 漏完	—
20%Dualseal	80	逐步加压至 6MPa，共计漏失 730mL	承压 6MPa，7MPa 漏完	—
	110	逐步加压至 6MPa，共计漏失 710mL	承压 6MPa，7MPa 漏完	—
25%Dualseal	80	逐步加压至 6MPa，共计漏失 470mL	承压 6MPa，7MPa 漏完	—
	110	逐步加压至 6MPa，共计漏失 271mL	承压 6MPa，7MPa 漏完	—

从表 5-18 至表 5-20 实验结果可以看出，"SEAL"系列堵漏剂对 2mm 裂缝有一定的封堵效果，最高承压达到 6MPa。

二、桥塞堵漏配方的进一步优化

1. 水基堵漏配方优化

室内通过对堵剂颗粒类型的优选，形成了性能较好的堵漏剂 Blockseal，同时，针对现场堵漏配方进行了优化，形成了具有较好封堵效果的现场优化配方：井浆 +0.5% 随钻 JD-5+3%NTBASE+6.5%WNDK-2+2.5%WNDK-3+5%WNDK-4+1%HTK（细）+2%HTK（中）+0.5%HTK（粗）。前期实验表明，现场材料在一些情况下，仍存在承压不足的现象，因此，室内用 Blockseal 和 GUARD 结合现场优化配方，进一步对堵漏配方进行优化评价。

配方1：现场浆 +16%Blockseal+3%GUARD-3000。

配方2：现场浆 +8%Blockseal+8% 现场水基优化配方 5。

配方3：现场浆 +4%Blockseal+12% 现场水基优化配方 5。

配方4：现场浆 +12%Blockseal+4% 现场水基优化配方 5。

实验结果（图 5-31）表明，Blockseal 加量越大，在封堵砂床时，漏失量越小，这是由于 Blockseal 中纤维分散较好，粒径分布更好，且弹性石墨类材料更容易挤入缝隙内，迅速形成有效的封堵状态，能很好地阻隔后续的漏失。因此，适量加入含弹性石墨的 Blockseal，漏失量会有所下降。

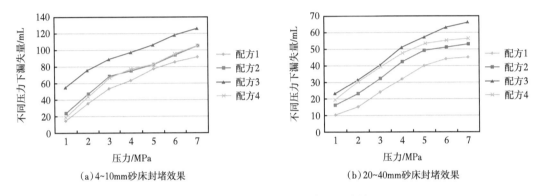

图 5-31　优化配方对不同砂床的封堵效果

封堵天然裂缝时则应考虑在现有堵漏配方基础上，加入适量的大颗粒堵漏材料。

配方1：现场浆 +16%Blockseal+2%GUARD-3000+1%GUARD-5000+0.5%GUARD-7000。

配方2：现场浆 +8%Blockseal+8% 现场水基优化配方 5+1%HTK（细）+2%HTK（中）+0.5%HTK（粗）。

配方3：现场浆 +4%Blockseal+12% 现场水基优化配方 5+1%HTK（细）+2%HTK（中）+0.5%HTK（粗）。

配方4：现场浆 +12%Blockseal+4% 现场水基优化配方 5+1%HTK（细）+2%HTK（中）+0.5%HTK（粗）。

在封堵天然裂缝型漏失实验（图 5-32）时发现，大颗粒诱导封堵的作用则较为明显，可以看到封堵 1~2mm 裂缝时，HTK 架桥速度较慢，导致漏失量较大，封堵 3~5mm 裂缝时，HTK 架桥后的承压能力则有所不足，配方 1 效果较好，配方 1 合理使用了高强度的大颗粒材料 GUARD。

2. 油基桥堵配方的优化及评价

前期优化的现场油基桥堵配方：井浆 +0.5%JD-5+2%DF+3%WNDK-4+2%GT-MF+3%SD-803+3%LCM+1%GUARD-3000+2%GUARD-5000+0.5%GUARD-7000。

所用材料和性能表现为抗温、抗压不足，室内进一步在此基础上引入 Blockseal 进行配方优化，加量在 10% 左右，根据需要调整。室内主要以裂缝封堵能力评价了堵漏配方的封堵效果。经过实验发现，加入 Blockseal 后，堵漏剂整体抗温能力增强，高温老化后，仍有堵剂堆积在孔缝内，保证了后续的承压能力；加入 Blockseal 可明显降低 1~2mm 天然裂缝封堵后的漏失量；GUARD 大颗粒的加入对较大裂缝的封堵有比较明显的效果。Blockseal 和 GUARD 的使用提高了现场油基钻井液堵漏配方的抗温、抗压能力。

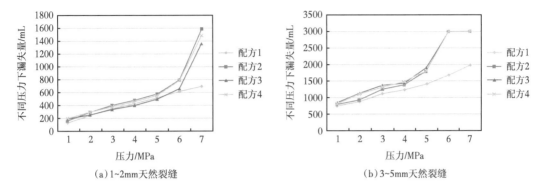

（a）1~2mm天然裂缝　　　　　　　（b）3~5mm天然裂缝

图 5-32　优化配方对不同天然裂缝的封堵效果

第四节　快速滤失堵漏技术

一、高滤失堵漏技术

1. 高滤失堵漏材料介绍

将高滤失堵漏材料配制成高滤失堵漏浆泵入，当堵漏浆液进入漏失井段后，在钻井液液柱压力和地层压力所产生压差作用下，浆液从轴向流动转变为径向流动，浆液迅速滤失，进而使固相骨架成分沉积变稠在漏失通道深处停留，形成网状封堵骨架，随即堵漏浆中各级固相颗粒在网状骨架处起到填充作用，进一步封堵孔隙，直至井壁形成致密的滤饼，继而压实，形成大量的坚固压缩堵塞，堵塞漏失通道（图 5-33）。

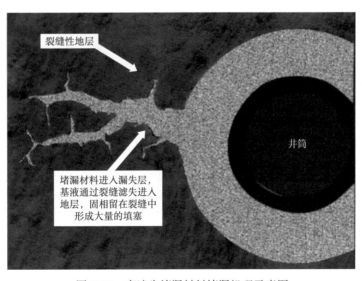

图 5-33　高滤失堵漏材料堵漏机理示意图

高滤失堵漏材料通常由填充剂、悬浮剂、助滤剂等混合而成。填充剂为良好的渗滤性材料，用于填充、堵塞漏失通道；悬浮剂多选用大小适当的纤维材料，主要起悬浮作用，用来悬浮填充剂、加重剂等，还可以起到"架桥"的作用，为堵塞漏失通道创造有利条件；助滤剂的加入是为了增大滤失量，使高滤失堵漏浆快速滤失。配制高滤失堵漏浆中，还可以加入较高强度的增强剂，起到辅助"架桥"和支撑裂缝的作用。首先需要长纤维和大颗粒材料来进行"桥架"；其次，还需要短纤维、小颗粒、片状材料等填塞漏失通道；最后，要求该堵塞具有高渗透性的微孔结构，能透气透水，但是不能透过钻井液，所以还需要聚合物材料和多孔介质。所形成的堵塞具有高渗透性的微孔结构和整体充填特性，能透气透水，但不能透过钻井液，钻井液则在塞面上迅速滤失，形成光滑平整的滤饼，起到严密封堵漏失通道的效果。

高滤失堵漏材料是适用于以裂缝性漏失为主的复杂漏失地层封堵的较优选择，但是此类材料的沉降稳定性能较差，静止时容易形成罐底沉积，泵入过程有可能造成水龙带中材料沉积或堵塞钻头水眼。

2. 高滤失堵漏材料 BlockForma

BlockForma 是在国内外高滤失堵漏理论基础上开发出的新型高效高滤失堵漏材料，是一种由纤维材料、颗粒材料、多孔介质、聚合物复配而成的乳白色粉末纤维混合物，是一种集高滤失、高强度和高酸溶率于一体的高效堵漏剂。

用该产品配制的堵漏浆，进入漏失通道后在压差作用下快速失水（最快的在几秒钟之内），很快形成具有一定初始强度的厚滤饼而封堵漏层，其初始承压能力可达 2MPa 以上。在地温和压差作用下，所形成的滤饼逐渐凝固，其承压能力大幅度提高，该堵漏剂对堵漏后易回吐、承压能力差、低压易破碎的裂缝性漏失有良好的封堵效果。

通过室内评价及组分优选，BlockForma 高滤失高承压复合堵漏材料具有以下特点。

（1）堵漏材料具有高滤失、快速滤失的特点，能在漏层压差作用下形成致密滤饼，快速建立堵塞。图 5-34 为密度 2.30g/cm^3 的堵漏浆在 0.7MPa 压差作用下形成的滤饼，32s 内完全失水，有效封堵。

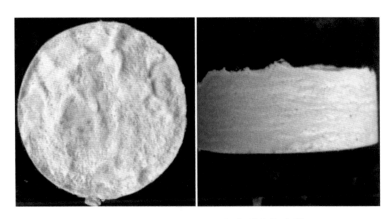

图 5-34　BlockForma API 失水形成的滤饼

（2）堵漏材料具备可泵性和悬浮稳定性，悬浮稳定性的判断以处于悬浮状态的浆液静置 1min 析出基液后的下部分浆液体积百分数确定，体积百分数大于 95% 为悬浮稳定性好。

（3）对于堵漏材料的粒径控制，为了满足高滤失堵漏液的滤失性、悬浮性，需保证堵漏材料的主要粒径在80~100目范围内，且粒径分布单一。

（4）BlockForma可有效封堵2mm宽的人造裂缝，承压能力达到5MPa，同时选用适当大小的惰性材料与BlockForma配合使用，封堵层承压能力达到7MPa。

（5）在堵剂中混配一定尺寸的惰性材料，可以封堵较大的漏失通道，这是因为颗粒状材料在漏失通道中构成骨架，形成初级桥塞，使得原有漏失通道的横截面积相对变小，有利于建立压差，形成堵塞。例如高密度海绵颗粒就是一种可应用于高滤失高承压体系中的很好的大颗粒桥架材料。

3. BlockForma 高滤失封堵能力评价

1）4~10mm 砂床评价

堵漏评价实验方法：装入4~10mm砂床，砂床体积为500mL，先加入700mL堵漏浆，加温至100℃，进行承压实验，每隔5min加压1MPa，直至加压至7MPa，承压30min，记录所得滤失量。

表5-21中数据显示，当堵漏材料加量达到20%以上时，可以封堵4~10mm砂床。BlockForma高滤失体系能够在堵漏前期快速漏失，形成有效承压。实验观察到堵漏材料已进入到砂床底部，在整个砂床中形成桥架封堵。

表 5-21 BlockForma 体系砂床堵漏效果评价（4~10mm）

BlockForma 加量 /%	承压能力 /MPa	高温高压堵漏过程	漏失量 /mL
5	3	逐步提压至3MPa后崩漏	全漏失
10	7	逐步提压至7MPa，堵漏浆在提压过程有漏失	300
20	7	逐步提压至7MPa，堵漏浆在提压过程有部分漏失	210
30	7	逐步提压至7MPa，堵漏浆在提压过程有部分漏失	180

2）20~40mm 砂床评价

堵漏评价实验方法：装入20~40mm砂床，砂床体积为500mL，先加入700mL堵漏浆，加热至100℃后，进行承压实验，每隔5min加压1MPa，直至加压至7MPa，承压30min，记录所得滤失量。

表5-22数据显示，该现场堵漏浆所携带的堵漏剂加量为20%时，钻井液即能承压7MPa，但漏失量较大时，建议推荐加量在30%。

表 5-22 BlockForma 体系砂床堵漏效果评价（20~40mm）

BlockForma 加量 /%	承压能力 /MPa	高温高压堵漏过程	漏失量 /mL
10	6	承压至5MPa后崩漏	全漏失
20	7	逐步提压至7MPa，堵漏浆在提压过程有部分漏失	200
30	7	逐步提压至7MPa，堵漏浆在提压过程有部分漏失	150

二、控滤失程序法堵漏技术

1. 控滤失程序法堵漏技术的特点

常规快速滤失堵漏技术滤失时间在 2min 左右，高温高压滤失会更快，结合现场应用情况，认为滤失控制应更慢一点。控滤失程序法堵漏技术是指在快速滤失形成封堵屏障的基础上，要求滤失速度控制在一定时间内，常温 API 滤失时间在 20~30min，HTHP（高温、0.7MPa）滤失时间在 5~20min。并形成了三级配浆与顶替技术。

主要特点如下：

（1）控滤失，即控制堵漏浆滤失性能。本技术以高滤失堵漏理论为基础，模拟压裂砂堵效应，认为堵漏浆在保持悬浮稳定性基础上，适当放宽堵漏浆基液滤失量，堵漏浆进入漏层时能够快速滤失，堵漏材料更容易与基液分离沉积，有利于尽快形成堵漏固体屏障。本技术堵漏浆基液由水或油，以及悬浮增黏剂配制，然后加重到与钻井液相同密度，技术要点是堵漏浆保持一定的悬浮稳定性，并具有较高的滤失速度。

（2）程序法，即配制多级堵漏浆、按顺序进行堵漏施工。传统堵漏方法，即配制单级堵漏浆，堵漏浆只有一个配方固定不变，主要按经验确定堵漏材料粒径级配，所以往往造成堵漏"封门"现象，看似堵住了或能够承压，但是筛除堵漏剂后又发生复漏。程序法堵漏配制多级堵漏浆，一般配制三级，即一级、二级、三级，以一级为基础，以后各级分别在上一级基础上添加诱导剂，诱导剂粒径依次增大；按程序泵入各级堵漏浆并顶替，一级、二级、三级堵漏浆依次进入漏层，堵漏浆粒径由细到粗，堵漏剂浓度依次增加，这样堵漏剂可以进入裂缝内，可以有效避免堵漏剂"封门"现象，防止发生复漏，提高堵漏成功率。程序法堵漏动态模拟示意图如图 5-35 所示。

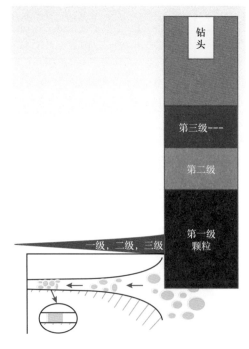

图 5-35　程序法堵漏模拟示意图

（3）堵漏材料组分。堵漏主剂 Blockseal、Dualseal、Hardseal，均是复合堵漏材料，具有广泛的粒径分布，具有一定弹性形变能力，能在压力作用下挤入裂缝中，并且具有较高的强度，可提高地层承压能力 3~7MPa；诱导剂 GUARD，用作卡喉卡缝架桥材料，形状不规则，具有较高的强度和韧性，抗压强度达到 7MPa 以上，一般与堵漏主剂配合用于配制多级堵漏浆；刚性堵漏剂 CARB 系列，具有多种粒径规格，可以根据需要与堵漏主剂、随钻堵漏剂 Preseal 配合使用。悬浮剂选用 Blockvis 复合剂（含有悬浮剂、助滤剂等）。

2. 控滤失堵漏体系优选

根据砂床封堵实验，形成孔隙封堵配方为：水 +7%Blockvis+ 重晶石 +5%~15% 复合堵漏剂 Blockseal（ρ=1.3g/cm³）。

根据裂缝封堵实验，形成裂缝封堵配方为：400mL 水 +7.0%Blockvis+ 重晶石（ρ=1.3g/cm³）+20% 复合堵漏剂 Blockseal+5%Guard-3000+3%Guard-5000+1%Guard-7000（大颗粒根据缝隙大小选取）。

控滤失 Blockseal 堵漏体系前期的漏失速度较快，由于其快速滤失性能，可以携带堵漏材料迅速进入漏失区域。对于裂缝封堵而言，Blockseal 相对于其他体系在封堵效果上更具优势，封堵时间短，漏失量更小，承压能力大。

3. 控滤失程序段塞堵漏体系堵漏配方

1）堵漏技术方案

微漏、渗漏，采用随钻堵漏方法时，堵漏剂总浓度为 1%~5%，堵漏材料以随钻堵漏剂 Preseal 为主，配合适量细规格刚性堵漏剂 CARB。

中等程度漏失，不起钻采用原钻具泵入堵漏浆段塞堵漏时，堵漏剂总浓度 10%~25%，堵漏剂以堵漏主剂为主，配合适量各规格刚性堵漏剂 CARB 或少量诱导剂 GUARD-2000。

严重漏失和失返性漏失，采用光钻杆钻具堵漏时，堵漏剂总浓度 30%~40%，堵漏剂以一袋式堵漏剂 Blockseal 为主，配合刚性堵漏剂 CARB 和诱导剂 GUARD。

2）堵漏浆配方

（1）堵漏浆基液。

堵漏浆基液要求具备一定滤失速度和一定悬浮能力，基液滤失要求 API 滤失在 20~30min 全滤失、HTHP 滤失在 10~20min 全滤失，堵漏浆室内静止 1h 无明显分层、4h 无明显沉降。

水基钻井液，推荐基液配方为：水 + 水基悬浮剂 Blockvis+ 重晶石加重至井浆密度。

（2）堵漏浆配方。

一级堵漏浆：基液 +15%~20%Blockseal+ 刚性堵漏剂 CARB 或诱导剂 GUARD-2000/GUARD-3000。

二级堵漏浆：一级堵漏浆 +1%~3% 诱导剂 GUARD-3000/GUARD-5000。

三级堵漏浆：二级堵漏浆 +2%~3% 诱导剂 GUARD-5000+0.5%~2% 诱导剂 GUARD-7000（可选）。

以上为控滤失程序法多级堵漏浆推荐配方，应根据漏层性质和漏失程度增减，单级堵漏浆配方参考一级堵漏浆配方。对于恶性漏失，根据需要，各级配方可以选加 5%~10% 凝胶。

第五节　凝胶堵漏技术

交联聚合物堵漏剂习惯称聚合物凝胶堵漏剂，包括地下交联聚合物凝胶和吸水交联膨胀性聚合物凝胶（或吸水树脂）。聚合物与其他材料合理匹配，可使各物质的协同作用得到充分的发挥，使凝胶的弹性和挂阻特性都能得到增强，堵漏材料进入裂缝后能够产生较高的桥塞强度，从而达到快速、安全、有效堵漏的目的，能很好地解决钻井过程中的恶性漏失，对碳酸盐岩、裂缝发育地层漏失特别有效。常见凝胶堵漏剂有化学凝胶堵剂、合成胶乳堵剂、水解聚丙烯腈堵剂、液体硅酸钠堵剂、聚合物胶囊增稠堵剂等。

在使用吸水凝胶材料进行堵漏作业时，吸水树脂架桥之后再不断被压实，再继续吸水膨胀，重复此过程，最终达到封堵的目的。纯粹的聚合物凝胶的力学强度相对比较低，必须要与其他材料配合使用才能有效地解决井下地层的漏失问题。将刚性无机材料与纯粹的聚合物凝胶混合在一起可以制备成复合凝胶堵漏材料，凝胶聚合物分子链上的功能性基团可以与刚性无机材料发生相互作用。凝胶体系内的刚性无机材料可以起到增强凝胶刚性与强度的作用，同时井下岩石与凝胶之间会产生较大的静切力，通过这两方面的共同作用，能有效地保证复合凝胶堵漏的成功率。在凝胶中加入桥接堵漏材料和刚性无机材料后，更能有效地解决超大裂缝的漏失问题。

一、凝胶堵漏剂的特点

1. 凝胶堵漏的施工风险比较小、适用范围比较广

通常情况下将凝胶材料用作交联聚合物的堵漏剂或者以交联聚合物为主的堵漏剂，由于凝胶具有可变形的特点，可以不受漏失通道的限制进行堵漏作业，凝胶通过受挤压发生变形的方式进入不同形状大小的裂缝和孔洞空间；凝胶堵漏剂的变形特点还有一些特殊的作用，假如凝胶没能在某一孔道处形成封堵，那么在漏失压力差的作用下凝胶会继续向前运移，可以在下一处孔道比较小的位置形成封堵，从而能够逐渐封堵住漏层，这样就能有效地防止压力在裂缝中传播及裂缝的诱导扩展。而且，化学凝胶堵漏材料的主要成分是凝胶、其他堵漏材料及大量的淡水，其体系中的固相含量极低，在堵漏施工的过程中可以较好地避免卡钻等风险。

2. 凝胶与其他材料有较好的配伍性

凝胶堵漏剂具有很好的弹性，并且表现出良好的韧性和柔软性。聚合物凝胶堵漏浆中添加惰性桥堵剂之后，刚性的惰性桥堵剂在整个体系中能够作为骨架起到支撑的作用，由于凝胶具有可以变形的特点，使其能够充填在骨架之间，使整体形成严密的封堵。凝胶和惰性的桥堵剂产生协同增效的作用。凝胶堵漏材料与其他材料相配合，可以用于高渗透、特高渗透地层，以及裂缝性和大孔道地层堵漏。

3. 凝胶的耐冲刷能力较强，驻留效果较好

由水溶性聚合物通过交联反应而形成的凝胶是交联类型堵漏材料的主要成分，其具有吸水性，通过吸水膨胀后，凝胶可形成亲水性的三维空间网络状结构。凝胶堵漏浆能够以凝胶的形式进入漏层，也可以在泵入漏层后形成凝胶，凝胶可以吸附在地层孔道的表面从而与漏失通道相作用，凝胶通过通道的黏滞阻力较大，这使其能够较好地驻留在漏层中，

从而可解决随钻堵漏及桥塞堵漏等方法难以解决的漏失问题。

4. 可降解性能强

良好的可降解性是大部分凝胶的一大特征。可通过生物方法、化学方法或者热降解法将凝胶进行降解，这一特性在后续作业中易于解堵，且有利于储层的保护。

二、常见凝胶堵漏剂

凝胶材料有不同的类型和不同的最终强度，也有不同的安全作业时间。

可固化凝胶主要是凝胶通过一系列化学反应，在漏缝中进行固化，其在高温下主要是固化时间受到较大影响，常见的主要是无机凝胶、各类堵漏水泥浆。实际上，挤水泥作业就是凝胶堵漏技术较为典型和常用的技术，其优点是体系较为成熟，固化时间控制方面做得比较好，但是挤水泥的局限性较强，渗透能力差，胶结能力差，且脆性较强，难以在漏缝中驻留，且密度控制和温度控制难度较大，不仅如此，挤水泥作业程序复杂且水泥凝胶强度发展也较为缓慢。

高吸水性树脂是一类具有一定交联度并且含有强亲水性基团的水溶胀型高分子聚合物，不但不溶于水，也不溶于有机溶剂等，具有非常独特的性能，能吸收比自身重量多几百倍甚至上千倍的水，并且吸水膨胀后形成的凝胶保水能力和耐候性能都比较好。

如果将吸水性交联聚合物与配伍材料直接加入钻井液用于堵漏作业则更加方便，但由于其吸水速度很快，有的甚至在 0.5h 内就能达到饱和，这会使钻井液变得较稠，增加了泵送钻井液的难度，这样不仅会影响堵漏效果，而且施工更加困难。为解决这一难题，研究表明可以将高吸水树脂进行微胶囊化，从而延缓其吸水膨胀的速度，延长其在堵漏过程中吸水膨胀的时间，使其能满足施工作业的要求。使用石蜡对吸水性交联聚合物进行包覆，也可以使其吸水膨胀的速度减缓。

通过室内实验研究，引入了一种具有遇水延时膨胀特性的材料，用其制作水化膨胀复合堵漏材料，随着与钻井液接触时间的增长，该凝胶材料会吸水膨胀至原体积的 5~18 倍，这能使"封堵墙"更加致密紧凑，与地层裂缝间的摩擦阻力进一步加强，"封堵墙"在正、负压差作用下的抗破坏能力也会增强。

选择合适的地下交联生物聚合物，结合温度敏感处理和延缓凝胶作用，可以对不同井段不同断层和大型裂缝的漏失实施封堵，并达到高强度高承压的堵漏效果。

目前国内外在凝胶堵漏的研究上取得了不少成果，例如特种凝胶 ZND-2，WS-1，以及一些以黄原胶、瓜尔胶、聚丙烯酰胺等聚合物为基础的凝胶。这些凝胶普遍为弱凝胶，多与堵漏材料复合使用，弱凝胶类材料通常不具备较好的抗高温性能，封堵原理是辅助颗粒在漏缝中驻留，主要以在裂缝中形成桥堵的方式进行堵漏，对微裂缝有很好的效果，但遇到大裂缝时常常会顺着裂缝漏走，无法完成封堵。

三、新型凝胶堵漏剂 GelSolid

GelSolid 聚合物凝胶堵漏体系是一套含有至少两种聚合物的可调时间和强度的水基凝胶体系，是一个可以泵送的堵漏剂段塞，由聚合物混合物或者两种单独的聚合物，以及缓冲包、促凝剂和缓凝剂构成，具有较高的强度。该体系通过一种聚合物在另一种聚合物中的相互穿插，形成网络互补，改进网络节点力的作用方式和大小，调节网络结合性质和提高交联点的密度，达到高强度交联的效果。GelSolid互穿凝胶的凝胶化时间可以自由调控，通过相对低的黏度向井下泵送，流体进入裂缝之中，然后在温度作用下，经过一定时间流体凝胶强度逐渐发展，直至形成一定的强度来封堵裂缝，达到堵漏和提高承压的效果。

GelSolid能够在一定时间内完成液体到固体的转变，能够做到流体堵漏，这样可针对各类裂缝进行无差别地封堵。GelSolid凝胶具有强度合适、可变形、配伍性好、施工风险小、适用范围广等优点。

其主要特点：

（1）可将GelSolid的配方简化为两个交联包，分别对应聚合物混合体与交联剂混合体。

（2）聚合物互穿网络凝胶体系具有极大可控的凝胶强度，凝胶强度发展较快，凝胶化时间可以依据现场需要进行调整。

（3）GelSolid凝胶能在高温下保持强度，形成有效封堵。

（4）可固化凝胶GelSolid的封堵原理与水泥类似，但其具有较好的黏性和抗冲稀能力，可用于封堵二开恶性漏失，对于较大的裂缝和溶洞性漏失，可以实现较好的流体充填和凝胶封堵。

（5）凝胶体系材料无毒，对环境友好。

四、凝胶类堵漏配方

1. 水基钻井液凝胶堵漏配方

水基钻井液凝胶体系防漏堵漏主要材料（图5-36），具有5μm~6mm的粒径分布：

DRP-06凝胶稳定剂，用于提高凝胶体系基液黏度，增强体系结构稳定性，推荐加量为0.4%~0.5%。

图5-36　水基堵漏材料外观

DRP-07凝胶复合堵漏剂，粒径在5~600μm之间（图5-37），用于提高凝胶体系结构强度，并具有封堵微孔隙和裂缝的能力，加量在5%~7%。

DRP-17随钻复合堵漏剂，粒径在100~1200μm之间（图5-38），可随钻封堵小于1mm的裂缝性恶性漏失，加量在5%~8%。

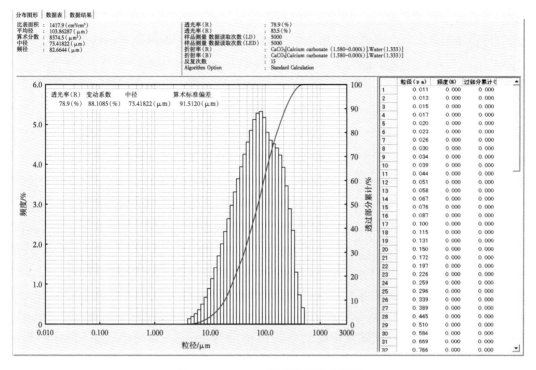

图 5-37 DRP-07 激光粒度分布曲线

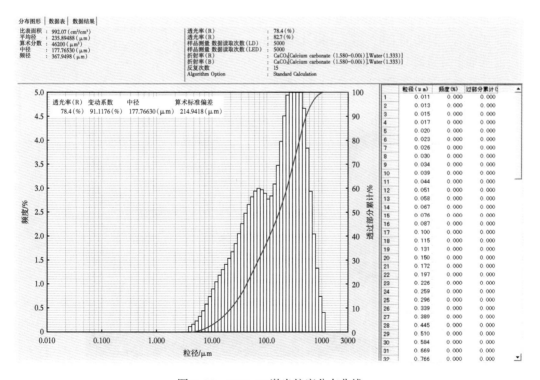

图 5-38 DRP-17 激光粒度分布曲线

DRP-16 桥塞型复合堵漏剂，粒径 0.4~6mm 之间（表 5-23），DRP-16 产品 1mm 以上大颗粒材料含量超过了 80%，封堵大裂缝漏失时能发挥架桥作用。配合上述 3 种堵漏剂组成凝胶体系堵漏浆配方，能有效封堵 5mm 以下的恶性漏失，加量在 8%~16%。

表 5-23 DRP-16 筛分法粒径分布测定实验数据表

序号	粒径 /mm	质量百分数 /%
1	0~0.45	12.65
2	0.45~0.90	6.96
3	0.90~1.60	40.62
4	1.60~3.20	21.51
5	> 3.20	18.26

水基钻井液凝胶堵漏推荐配方：水 +0.4%~0.5%DRP-06+5%~7%DRP-07+5%~8%DRP-17+8%~16%DRP-16+1% 果壳（3~5mm）。

水基钻井液凝胶堵漏体系的特点：凝胶体系桥接堵漏浆，颗粒粒径为 5μm~6mm，含有高强度和可变形材料，提高了堵漏体系对漏失通道的匹配和抗复漏能力，耐温 160℃，可单一加入 DRP-17 进行随钻封堵裂缝小于 1mm 的恶性漏失，4 种产品按不同比例配合，可有效封堵 5mm 以下恶性漏失，使用方便、效率高、成本低、绿色环保。

2. 油基钻井液用微纳米封堵剂堵漏配方

室内研发出 3 种油基随钻封堵剂产品（图 5-39），可实现对纳米级—毫微米级裂缝的有效封堵。3 种材料的粒径分布如下：

油基微纳米封堵剂 DRP-36：100~1200nm。

油基微米封堵剂 DRP-32：3~300μm。

油基毫微米封堵剂 DRP-33：30~1500μm。

图 5-39 3 种油基封堵剂样品

1）DRP-36 油基微纳米封堵剂

纳米级宽粒径分布、亲水型聚合微纳米乳液，粒径：100~1200 nm，可变形颗粒能快速进入微裂缝并成膜，防止流体进一步侵入地层，可提高井壁承压能力。

2）DRP-32 油基微米封堵剂

微米级粒径 3~300μm，满足油基钻井液段随钻使用，80% 可以通过振动筛，适宜封堵 100μm 以下裂缝，含有可变形和刚性粒子，环保型封堵材料，耐温可达 130℃。

3）DRP-33 油基毫微米封堵剂

毫微米级粒径 80% 以上在 100~1000μm 之间，可以随钻封堵 1mm 以下的漏失，含有可变形和刚性粒子，属于环保型封堵材料，同样抗温可达 130℃。

油基钻井液封堵浆推荐配方：井浆 +2% 微纳米封堵剂 DRP-36+ 4% 微米封堵剂 DRP-32+ 4% 毫微米封堵剂 DRP-33。

根据长宁页岩气的地层特征和漏失情况，油基钻井液漏失以随钻防漏堵漏为主，特别是微纳米材料对微裂缝的封堵是强化井壁的重要措施。油基微纳米堵漏剂，粒径属微纳米级别，并具备一定变形能力，可有效挤入地层微裂缝，形成预封堵，防止钻井液持续挤入裂缝造成裂缝的开启。现场作业可根据油基钻井液漏速，选择 3 种封堵剂的种类和加量，以实现对页岩层微裂缝的有效封堵。

第六章 防漏堵漏工艺技术

根据长宁区块堵漏技术评价与优化结果，结合长宁区块地质工程特征，从井漏防治指导思想、井漏预防技术措施、防漏堵漏工艺技术、常规堵漏配方与程序、防漏堵漏推荐技术路线、现场防漏堵漏工作表 6 个方面系统阐述了长宁区块防漏堵漏方法、技术、工艺和标准化作业流程，为高效堵漏提供了路线图。

第一节 长宁页岩气井漏防治指导思想

一、长宁页岩气钻井地层与井身结构

长宁页岩气区块地层与典型井身结构设计如图 6-1 和图 6-2 所示。

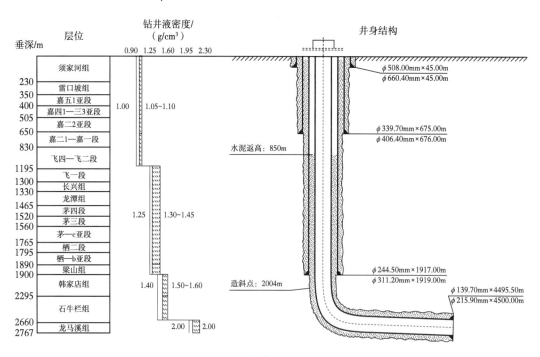

图 6-1 长宁区块典型井身结构示意图 1

长宁页岩气区块裂缝发育，出露为碳酸盐岩地层，表层多为喀斯特地貌，地下溶洞暗河发育，表层和二开、三开钻进过程中常常发生井漏，漏失性质多为失返性恶性漏失，恶性井漏防治技术是制约长宁页岩气井提速提效的主要技术瓶颈之一。

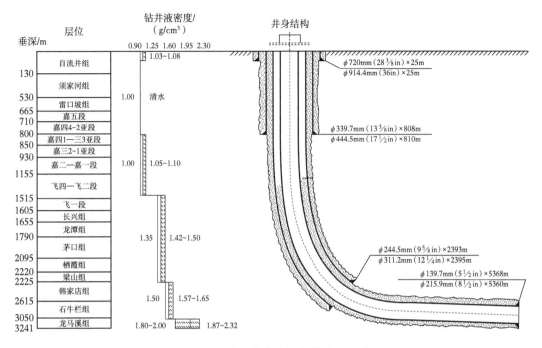

图 6-2　长宁区块井身结构设计示意图 2

长宁区块整体钻井井段均有不同程度的漏失，根据地层井身结构设计，二开井段主要表现为以裂缝性漏失、溶洞型漏失为主，漏失频率高、漏失量大，且伴随局部区域漏喷同存风险，其中茅口组、栖霞组为本井段主要漏失层位。三开井段地层受到断层、裂缝、破碎带及弱胶结面等因素影响，漏失频率高、损失成本大，其中韩家店组、石牛栏组地层承压能力弱，地层孔隙大，存在裂缝，地层对压力敏感，属于孔隙性漏失和天然裂缝漏失并存；龙马溪组页岩地层局部存在断层，溢漏同层，压力密度窗口窄，地层压力高，承压能力低，易发生裂缝性漏失。龙马溪组定向水平段钻进井漏严重制约三开钻井提速，韩家店—龙马溪组顶部承压堵漏成为影响下步储层安全钻进主控因素。龙马溪组油气活跃，提高钻井液密度或压力激动，易造成裂缝张开，发生漏失，防漏堵漏材料粒径不合理，有效的长期封堵效果差，在提密度或产生激动压力情况容易复漏。钻具组合为带满眼扶正器的防斜钻具组合，环空压耗大。钻至龙马溪组现场，担心钻井液密度低会造成页岩垮塌和气侵带来的溢流风险，更偏向于较高密度钻进，造成漏失风险增大，这也是漏失的一个重要原因。

二、地质工程一体化防漏堵漏

长宁页岩气井漏防治应基于 XPT 测井等结果，进一步强化三维地质模型和地震反演研究，细化地质工程一体化安全密度窗口预测，通过实际测量地层压力系数优化钻井液密度、开展微裂缝预测，制定针对性防控措施，钻开油气层前应根据地层剖面预测可能存在的裂缝、断层，同时优化地质导向轨迹设计。从设计源头优化钻井液密度，主动井控。推广"控压钻井"，实现降密度。使用旁通阀实现不起钻堵漏，降低 311.2mm 和 215.9mm 井眼井漏损失。地质工程一体化密度优化等措施与现场应用效果表明了降密度防漏堵漏的可行性、有效性。

三、二开段堵漏优化要点

二开堵漏的关键在于堵漏配方中堵漏材料颗粒与缝宽的匹配，提升架桥堵漏成功率。优化颗粒型堵剂粒径配比，降低封门复漏的概率，变缝端"封门"为缝内"封喉"；优化颗粒型堵漏剂材料，增强堵剂驻留能力，使用水泥堵漏时可考虑加入少量颗粒或纤维材料，根据承压试验、漏速判断裂缝发育情况，优选堵漏方式和材料粒径匹配。

四、三开段龙马溪组漏失防治要点

强化地质工程一体化钻井液密度优化，根据龙马溪组三压力预测，如钻井液密度接近地层孔隙压力系数，采用近平衡钻井方式钻进，可有效降低井漏复杂风险。立足于防漏，积极采取降密度、控压钻井等措施，现场应用效果也充分证明了降密度防漏的有效性。强化井壁防漏，避免微裂缝的张开，在"堵"之前进行井壁强化，防止微裂缝张开，建议参照邻井漏失井段提示，在油基钻井液中提前加入纳米—微米封堵剂和沥青质封堵剂，强化井壁，预防压力传递和渗透性漏失。

五、优化防漏堵漏工艺

针对二开堵漏避免封门、提高架桥强度的需求，合理匹配堵剂粒径的同时，在裂缝内建立固相封堵屏障，形成具有一定长度的固体段塞，可适当撑开裂缝，使堵剂快速进入裂缝深处，形成缝内封堵带，提高承压能力。针对三开微裂缝漏失、存在井眼呼吸效应的问题，精细控制现场当量密度，减少井眼呼吸效应、避免微裂缝张开与闭合。发生漏失后通过测环空液面等方式，准确计算漏失压力，提高堵漏措施的针对性。

第二节　井漏预防技术措施

从密度控制、承压试验、井壁封堵、工程作业、钻井液维护等多方面建议井漏预防措施。

一、钻井液密度控制要点

1. 调控钻井液密度依据
根据测井（XPT 测井等）成果、预测的地层压力系数调整。
根据同平台和邻近平台井钻井液密度使用情况，以及地层漏失情况调整。

2. 降密度注意事项
根据测井数据和邻井实钻情况采取降密度措施，二开井段严格控制钻井液密度不超过孔隙压力梯度上限，三开井段可应用新工具、新工艺通过控压钻井实现降密度钻进。

降密度过程中密切关注振动筛返砂、掉块现象，摩阻扭矩情况，保证钻井液液柱压力大于地层坍塌压力，避免坍塌掉块；油气活跃井段降密度过程中密切关注油气显示及后效情况，保证井控安全。

提前论证与计算三开安全密度窗口（基于钻井液防塌密度下限、防漏密度上限、兼顾井眼清洁排量），并实时校正。

二、各井段承压试验要求

进入飞仙关组底部，按下部钻井液设计密度上限进行承压试验，如果承压试验不能满足要求，则进行承压堵漏作业。承压堵漏宜先采用桥接堵漏，两次无效则采用水泥堵漏，水泥堵漏两次无效，则采用专项堵漏。

进长兴组和茅口组前按设计钻井液密度上限作承压试验，承压堵漏时先采用桥接堵漏，两次无效则采用水泥堵漏，水泥堵漏两次无效，则采用专项堵漏。

进入龙马溪组前按设计钻井液密度上限作承压试验，承压堵漏时先采用桥接堵漏，两次无效则采用控滤失程序堵漏，两次无效则采用固结类专项堵漏。

三、井壁强化

三开井段加强钻井液抑制防塌性能，减少因井壁稳定问题提密度，防止井漏。龙潭组钻进时，若不漏，则以同等密度进入茅口组，钻完龙潭组后，短起下，验证井下是否正常，若有异常，采用水泥封堵补壁。若发生井漏，在井下安全的前提下适当降低密度，通过短起下作业验证，若有异常，水泥封堵补壁。维护控制钻井液的流变性。

三开井段考虑加入随钻堵漏剂、微纳米封堵剂等材料对井壁诱导微裂缝进行预封堵。

四、工程作业方面

下钻时，应控制下钻速度。若钻井液黏切较高，应采取分段循环的方式，且避开易漏地层。循环时小排量缓慢开泵，逐步增大钻井排量，避免激动压力过大诱发井漏。

钻遇油气显示时，若安全密度窗口窄，且地层敏感，无法进行有效承压堵漏时，应安装旋转防喷器，进行控压钻井。

钻遇易漏地层前，应起钻更换堵漏短节，以便漏失发生时及时应用各类堵漏方案，漏失量较大或安全密度窗口较窄时，钻探公司应配备液面监测仪等专用设备或转换成控压钻进。

水平段钻进，结合井眼清洁计算与防漏分析，实时优化钻进排量。

五、钻井液维护处理

应提高钻井液抑制封堵性，控制防塌，安全钻进；合理控制钻井液黏切；密度波动范围小于 $0.02g/cm^3$；针对水平段地层胶结面引起的井壁稳定和井漏问题，应在水平段钻进过程中间断地泵入封堵材料固壁。

六、配备足够钻井液罐等设备

为恶性井漏条件下油基钻井液转水基钻井液堵漏提供快速转换条件。

七、防漏堵漏材料储备要求

二开前，每个钻井平台应储备能够满足 2 次以上堵漏施工的桥接堵漏材料，并提前做好钻井液备料和倒运计划，避免造成现场作业等停。对于井漏风险大、堵漏难度高的井，应储备一定数量的水泥及外加剂，以及其他专项堵漏材料，提前做好相应的堵漏施工预案，具备在接到通知后24h内到井作业的能力。

第三节 堵漏工艺技术

一、随钻堵漏

（1）随钻堵漏材料可采用全井循环或高浓度段塞的方式加入，同时应符合井下仪器工具对于粒径的通过性要求。龙马溪组随钻堵漏应注重采用微纳米材料强化井壁，采用高浓度段塞混入随钻堵漏剂时，水基钻井液随钻堵漏段塞中堵漏剂浓度一般推荐不大于15%，油基钻井液随钻堵漏段塞中堵漏剂浓度一般推荐不大于13%。

（2）随钻堵漏剂加入后，调整钻井液性能，满足安全钻井要求。

（3）根据堵漏剂粒径调整振动筛筛布目数。

（4）根据堵漏剂浓度变化，及时补充有效随钻堵漏剂。

（5）若堵漏剂失效或钻井液性能有较大波动，则筛除堵漏剂调整钻井液性能，重新添加新的随钻堵漏剂。

（6）漏失停止，需筛除随钻堵漏剂，调整钻井液性能。

二、桥接堵漏

（1）堵漏钻具下至漏层以上50~100m，同时观察记录井筒中钻井液返出量，钻具进入裸眼段后要间断活动。

（2）按照配制量、堵漏剂加入的增量倒入钻井液基液至专用配制罐，调整基液密度与井浆一致，同时应保证堵漏剂不漂浮。按照计算的堵漏剂加量，在专用配制罐连续搅拌条件下，经加重漏斗均匀加入堵漏材料。

（3）倒好上水管线阀门，并记录好配制的堵漏浆量，记录地面各循环罐的钻井液量。

（4）缓慢活动钻具，按照正常钻进排量的三分之一到二分之一注入堵漏浆，同时记录时间、泵压、注入排量、液面、返出排量、返出量等数据，堵漏浆注入完毕后，继续注入顶替钻井液，并记录时间、液面及其他参数情况。

（5）注入和顶替完堵漏浆后，起钻至安全位置。根据出口返出情况确定下步措施，若出口见返，则关井挤注，小排量、低压力缓慢憋压，保证堵漏浆三分之二进入漏层；若出口不返，则吊灌保持液面，静止候堵2h以上。

（6）若憋不起压力，应根据具体情况采取下述措施，初次憋压，控制较低的压力和挤入量，第二次、第三次憋压采取间隔一段时间（1~2h）进行，如果承压能力上升速度慢则延长间隔时间；若出现堵漏浆挤不进漏层的现象，则增大挤注量、提高憋压压力，挤入漏层堵漏浆量应大于注入量的三分之二。然而，憋压压力不应超过上部裸眼井段承压能力。

（7）静止候堵时间，推荐水基钻井液4~8h，推荐油基钻井液4h以上（应参照堵漏材料在油基环境下膨胀及强度变化特性确定）。候堵时间推荐12~24h，油基钻井液堵漏若加入油膨型堵漏剂，建议候堵16h以上。

三、水泥堵漏

1. 技术要求

（1）应做好水泥浆大样全套性能实验检测。

（2）油基钻井液注水泥堵漏时，应做好隔离液配方选型及抗污染实验检测，按实验比例配制外加剂及隔离液并循环均匀。

（3）水泥堵漏浆用量应根据现场情况确定，二开推荐20m³以上，三开推荐15m³以上。

（4）地面管线试压不能低于堵漏时最高施工泵压。

（5）开展液面检测，计算漏失压力，当漏层位置、压力比较准确时，推荐采用压力平衡法设计水泥堵漏方案；若漏层位置、压力不清楚，推荐采用沉降法设计水泥堵漏方案。

（6）施工后，漏层以上留水泥塞高度50~100m，挤入漏层水泥量不少于注入水泥总量的二分之一。

2. 施工程序

（1）探测静液面，计算漏层压力。

（2）水泥堵漏采用光钻杆施工，中深部井段施工时应下至漏层以上100~150m。井底有沉砂时，条件允许的情况下宜尽可能预先冲开漏层，使水泥浆充分进入漏失通道。

（3）注前隔离液，注水泥浆，注后隔离液，顶替钻井液，将钻具提离至水泥浆面以上安全位置（直井段200~300m，斜井/水平段400~450m），循环至少一周，并起至上层套管鞋内候凝。根据井况采用静止候凝或关井憋压候凝。

（4）候凝时间应参照水泥浆实验结果确定。

（5）记录注入量、开井回吐量等关键参数，精确掌握挤入量，为下次水泥堵漏施工提供参考。

四、控滤失程序段塞堵漏

1. 控滤失程序段塞桥接堵漏

将堵漏浆粒径分级，形成多级段塞，以配制25m³堵漏浆、泵入20m³为例，分为6m³—6m³—8m³三级连续泵入三级堵漏浆，一级堵漏浆替浆到位后上提钻具至一级堵漏浆以上，二级堵漏浆替浆到位后上提钻具至二级堵漏浆以上，三级堵漏浆替浆到位后上提钻具至三级堵漏浆以上。

程序段塞堵漏的工艺，即在桥接堵漏中采用程序段塞堵漏注入，增加匹配程度。主要针对二开堵漏避免封门、提高架桥强度。将堵漏浆粒径分级，形成不同粒径的多级段塞，增加桥堵颗粒与地层裂缝的匹配度，增大堵漏成功率。

2. 堵漏工艺

1）技术要求

（1）堵漏方案选择。

漏失层位或井段明确，漏层集中且间距不大，或堵漏成功率低时，推荐采用控滤失程序法，即配制多级堵漏浆。

漏失层位多且间距长，无法分级时，可采用传统堵漏方法，即配制单级堵漏浆堵漏。

（2）堵漏钻具选择。

微漏、渗漏，或中等程度漏失（漏速油基钻井液不大于 $5m^3/h$、水基钻井液不大于 $20m^3/h$），所用堵漏剂最大粒径不大于 $1400\mu m$ 时，与钻井工程师及定向井工程师沟通，可采用不起钻堵漏方式，使用原钻具进行随钻堵漏，或泵入堵漏浆段塞堵漏。

严重漏失（漏速油基钻井液大于 $5m^3/h$、水基钻井液大于 $20m^3/h$）及失返性漏失，所用堵漏剂粒径大于 $1400\mu m$ 时，钻井工程师及定向井工程师有要求时，应提出原钻具下光钻杆钻具堵漏。

（3）堵漏浆量。

以漏失层段裸眼体积为基准，堵漏浆应附加足够体积。

采用不起钻堵漏方式时，堵漏浆量按漏层裸眼体积 1.5~2 倍计算。

采用光钻杆钻具堵漏、单级堵漏浆时，堵漏浆量按漏层裸眼体积 2~3 倍计算。

多级堵漏时，各级堵漏浆量宜大于漏层裸眼体积，即堵漏浆总量不低于漏层裸眼体积的 3 倍。

（4）堵漏施工。

堵漏施工包括堵漏浆泵送和顶替、上提钻具、关井憋挤等步骤。堵漏浆泵送和顶替时，排量应比正常钻进排量小，最好保持泵送和顶替过程不漏失，这样能够保证堵漏浆准确顶替到漏层；要准确计量泵入量和返出量，如果堵漏浆出钻具后发生漏失，应附加顶替量。顶替量以堵漏浆顶替到环空的高度和钻具内堵漏浆高度一致时为计算基准，此高度称作平衡点位置，则堵漏浆顶替到位后钻具应提到平衡点位置。关井憋挤采取间歇挤注方式，控制挤注排量、间隔时间和压力增量，达到目标稳压值后继续关井一定时间，堵漏结束后逐级释放压力直至开井，验证堵漏成功后恢复钻进。

2）堵漏浆的配制

堵漏浆配制量应在泵入量基础上，附加配浆罐不能上水的容积，确保堵漏浆泵入量合格；一级、二级、三级堵漏浆泵入量，与堵漏浆总泵入量占比推荐分别为30%、30%、40%；材料消耗按各级堵漏浆配制量计算。配制步骤如下：

（1）选择足够容积的干净配浆罐，配浆罐搅拌、上水、计量，配浆条件良好；

（2）按确定的配方配制堵漏浆基液；

（3）配制一级堵漏浆，堵漏剂加完后搅拌待用；

（4）将二级、三级堵漏浆配方所用堵漏剂一半吊到加料漏斗旁，一半吊到配浆罐上备用；

（5）配制二级堵漏浆，一级堵漏浆泵入最后 $2m^3$ 时，在加料漏斗、罐上同时快速加入二级堵漏浆配方所需堵漏剂；

（6）配制三级堵漏浆，二级堵漏浆泵入最后 $2m^3$ 时，在加料漏斗、罐上同时快速加入三级堵漏浆配方所需堵漏剂，三级堵漏浆泵入最后 $2m^3$ 时，可在加料漏斗、罐上同时快速加入最后的堵漏剂。

3）堵漏浆的泵送及顶替

（1）计算与计量。

计算替浆量。以堵漏浆顶替到环空的高度和钻具内堵漏浆高度一致为计算基准计算基准替浆量，在基准替浆量基础上根据堵漏浆出钻具后漏失量计算附加量；替浆量计算参数包括地面管汇容积、钻具内容积、裸眼环空容积、堵漏浆量、钻具内预留堵漏浆量、堵漏浆出钻具后漏失量。采用单级堵漏浆时，如果钻具内预留堵漏浆用于憋挤，此时替浆量＝基准替浆量－钻具内堵漏浆预留量；堵漏浆顶替出钻具后，如果发生漏失，则应附加替浆量，假设某级堵漏浆出钻具后漏失量为 X，该级替浆量＝基准替浆量＋X·（环空容积／裸眼容积）。

计算钻具上提量。钻具上提量＝替浆位置到平衡点位置的高度＝堵漏浆在环空实际上返量／单位环空容积。

计量和记录。安排专人负责堵漏浆泵入量、替浆量、返出量的计量和记录，计算堵漏浆出钻具后漏失量和附加替浆量。

（2）钻具下到漏层底部，环空灌满钻井液（如果能够灌满的话），开泵顶通，观察井口返出情况。

（3）泵入堵漏浆。井口有返出时，以正常排量的 1/3~1/2 排量连续泵入各级堵漏浆；井口不返时，可适当降低排量。

（4）顶替和上提钻具。顶替排量与泵入堵漏浆量相同。

采用单级堵漏浆时，按计算的替浆量顶替到位（含堵漏浆漏失的附加量），替完后停泵，上提钻具：如果钻具内预留有堵漏浆，上提钻具到平衡点位置；如果钻具内没有预留堵漏浆，可上提钻具到平衡点位置以上。顶替结束时，单级堵漏浆与钻具位置如图 6-3 所示。

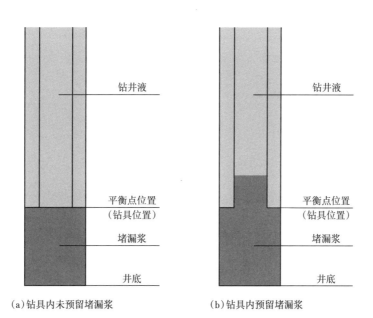

（a）钻具内未预留堵漏浆　　　（b）钻具内预留堵漏浆

图 6-3　单级堵漏浆及钻具位置示意图

采用多级堵漏浆时，按计算的各级替浆量（含堵漏浆漏失的附加量）分别顶替：一级堵漏浆替完后，停泵，上提钻具到一级堵漏浆平衡点位置；继续顶替，二级堵漏浆替完后，停泵，上提钻具到二级堵漏浆平衡点位置；继续顶替，三级堵漏浆替完后，停泵，上提钻具到三级堵漏浆平衡点位置；此时，漏层自下而上由一级、二级、三级堵漏浆覆盖。顶替结束时，多级堵漏浆与钻具位置如图 6-4 所示。

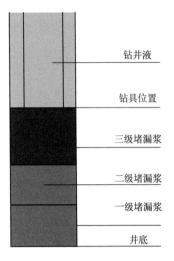

图 6-4　多级堵漏浆及钻具位置示意图

4）堵漏浆憋挤程序

（1）钻具提到平衡点位置或安全位置，环空灌满钻井液（能够灌满的话），灌满后观察漏失情况。

（2）关井，采用间歇挤注方式憋挤堵漏浆。一般情况下正挤，挤注控制排量 1~2L/s、或 5 冲 /min，观察套压、立压变化，如果压力上升值出现拐点或不起压时，停泵，间隔 10~15min 再进行挤注；挤注排量降低至 1L/s 或更低，每次挤注控制压力增量为 1MPa 或体积增量在 0.5m³ 以内，根据压力变化情况，调整后续挤注参数；必要时，可以从环空反挤。间歇挤注压力变化曲线如图 6-5 所示。

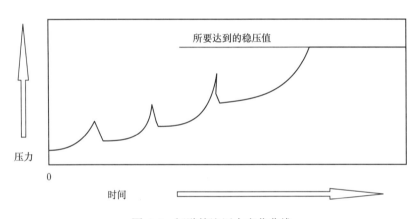

图 6-5　间歇挤注压力变化曲线

（3）憋挤达到目标稳压值后，继续关井憋压 4~6h，然后缓慢泄压，每次泄压 1MPa，每次间隔时间 10~30min，直至开井。

（4）开泵循环，分段下钻循环，验证堵漏是否成功，若成功，筛除堵漏剂，恢复钻进；若不成功，制定下步堵漏方案。

（5）做好堵漏浆憋挤过程时间、排量、挤注量、套压、立压、开井返吐量的计量和记录。

第四节　常规堵漏配方与程序

一、二开井段常规堵漏配方与程序

表 6-1 细化了现场堵漏配方各类粒径的加量，使现场堵漏配方具体化，便于操作和改进。图 6-6 为二开堵漏施工程序。

表 6-1 二开井段部分堵漏方式和配方选择推荐 单位：%

堵漏方式	推荐采用工况	堵漏浆浓度	颗粒级配在基浆中的占比						
			小于0.5mm 超细粒	0.5~1mm 细颗粒	1~2mm 刚性小颗粒	2~3mm 刚性小颗粒	3~5mm 大颗粒类	5~8mm 大颗粒类	1~3mm 纤维类
随钻堵漏	漏速小于5m³/h	2~3（全井）	小于0.5mm						
桥接堵漏	漏速5~30m³/h	15~23	4~6	6~8	2~3	1~3	0	0	2~3
	漏速30~50m³/h	18~28	4~6	6~8	2~3	3~5	1~3	0	2~3
	失返性漏失	22~35	4~6	6~8	2~3	4~7	3~5	1~3	2~3

注：（1）堵漏剂材料颗粒级配根据垂深变化和同平台相同层位的堵漏浆使用情况、裂缝电测数据、钻具通过能力进行优化调整；

（2）专项堵漏［如高失水（控滤失）、固结剂堵漏］采用材料配方见详细施工方案；

（3）如原钻具未带随钻旁通阀，桥接堵漏前，起钻简化钻具组合。

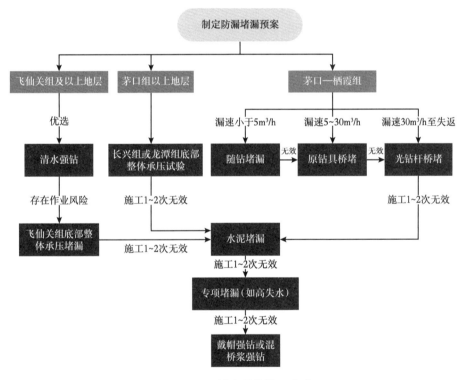

图 6-6 二开常规堵漏施工程序

二、三开井段常规堵漏配方与程序

三开井段常规堵漏配方见表 6-2。细化了现场三开水基、油基堵漏配方各类粒径的加量，立足于防漏，提前进行井壁强化，堵漏材料引入微纳米粒级材料。明确了适用于三开井段的纳微米材料类型，龙马溪组井段注重随钻防漏，可提高龙马溪组微裂缝防漏效果。图 6-7 为三开常规堵漏程序。

表 6-2　三开堵漏方式和配方选择推荐　　　　　　单位：%

堵漏方式	推荐采用工况	堵漏浆浓度	颗粒级配占比						
			0.5mm以细惰性材料	0.5~1mm惰性颗粒	1~2mm刚性颗粒	2~3mm刚性颗粒	3~5mm惰性抗温颗粒	5~8mm惰性抗温颗粒	1~3mm矿物纤维
水基堵漏									
水基随钻堵漏	常规堵漏	15~23	4~6	6~8	2~3	1~3	0	0	2~3
水基桥接堵漏	提承压堵漏	18~28	4~6	6~8	2~3	3~5	1~3	0	2~3
油基堵漏									
油基随钻堵漏	漏速不大于 5m³/h	2~3	采用纳微米级封堵材料、聚合物凝胶微球、超细钙等颗粒类、粉状沥青类、树脂类、石墨类等材料						
油基桥接堵漏	漏速 5~30m³/h	17~23	8~10	6~8	2~3	0	0	0	1~2
	漏速 30m³/h 至失返	23~34	8~10	6~8	2~3	3~5	1~3	1~2	2~3

注：（1）堵漏剂材料颗粒级配根据垂深变化和同平台相同层位的堵漏浆使用情况、裂缝电测数据、钻具通过能力进行优化调整；

（2）专项堵漏（如高失水、固结剂堵漏）采用材料配方见详细施工方案；

（3）如原钻具未带随钻旁通阀，桥接堵漏前，起钻简化钻具组合。

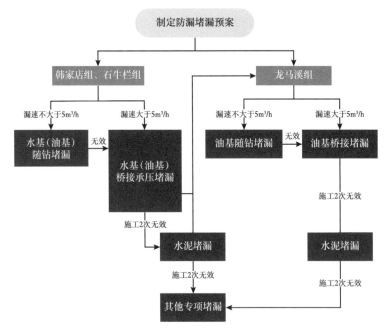

图 6-7　三开常规堵漏施工程序

第五节　堵漏推荐技术路线

一、二开井段堵漏配方与技术路线

室内结合现场常用堵漏配方进行了优化，形成了几套桥堵配方，应用于不同漏速条件下的封堵。图 6-8 为二开堵漏技术路线图。

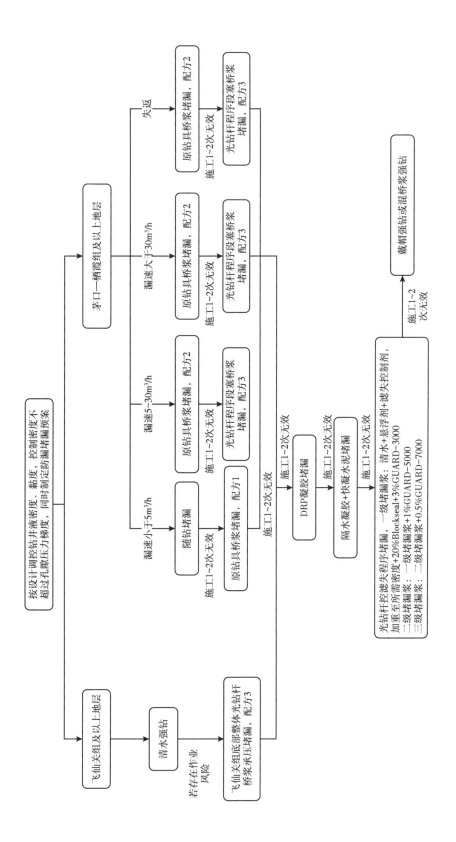

图 6-8 二开堵漏技术路线

随钻堵漏配方：井浆 +0.5% 随钻 JD-5+1.5%NTBASE+3%WNKD-4。

桥堵配方 1：井浆 +0.5% 随钻 JD-5+3%NTBASE+6.5%WNDK-2+2.5%WNDK-3+5%WNDK-4+1%HTK（细）+2%HTK（中）+0.5%HTK（粗）。

桥堵配方 2：井浆 +0.5% 随钻 JD-5+3%NTBASE+6.5%WNDK-2+2.5%WNDK-3+5%WNDK-4+1%GUARD-3000+2%GUARD-5000+0.5%GUARD-7000。

桥堵配方 3：

一级：井浆 +0.5% 随钻 JD-5+1.5%NTBASE(分散纤维)+6.5%WNDK-2+2.5%WNDK-3+5%WNDK-4+1%HTK（细）。

二级：一级堵漏浆 +3%GUARD-3000。

三级：二级堵漏浆 +1%GUARD-5000+0.5%GUARD-7000。

二开井段堵漏技术路线图如图 6-8 所示。

二、三开井段堵漏配方与技术路线图

韩家店组、石牛栏组提承压低于 3MPa 时，建议现场配方优先采用光钻杆桥堵，提承压超过 3MPa 时建议优先采用控滤失程序堵漏，两次不成功则考虑水泥或凝胶类承压堵漏。龙马溪组井段以小漏、渗漏为主，可考虑长期补加不影响钻井液性能的随钻堵漏材料，漏速小于 30m³/h 时，优先进行随钻堵漏，若无效，则增加油基纳米封堵剂进行不起钻桥堵；漏速大于 30m³/h 时，优先不起钻桥堵，若无效，则进行控滤失程序堵漏。图 6-9 为三开堵漏技术路线图。

随钻堵漏配方 1：井浆 +2.5% 单向封堵剂 +1.25% 随钻堵漏剂 +1.25% 超细钙。

随钻堵漏配方 2：井浆 +1% 随钻堵漏剂 +4%Preseal+1% 超细钙。

桥堵配方 1：井浆 +0.5% 随钻 JD-5+2%DF+3%WNDK-4+2%GT-MF+3%SD-803+3%LCM+1%HTK（细）+2%HTK（中）+0.5%HTK（粗）。

桥堵配方 2：井浆 +15%~20%Blockseal。

桥堵配方 3：井浆 +15%~20%Blockseal+ 3%GUARD-3000+1%GUARD-5000。

微纳米堵剂配方：井浆 +2% 微纳米封堵剂 DRP-36+ 4% 微米封堵剂 DRP-32+4% 毫微米封堵剂 DRP-33。

光钻杆控滤失程序堵漏配方 1：

一级堵漏浆：现场油 / 清水 +悬浮剂 +滤失控制剂，加重 +20%Blockseal+3%GUARD-2000。

二级堵漏浆：一级堵漏浆 +1%GUARD-3000。

三级堵漏浆：二级堵漏浆 +0.5%GUARD-5000。

光钻杆控滤失程序堵漏配方 2：

一级堵漏浆：现场油 / 清水 + 悬浮剂 + 滤失控制剂，加重 +20%Blockseal+3%GUARD-3000。

二级堵漏浆：一级堵漏浆 +1%GUARD-5000。

三级堵漏浆：二级堵漏浆 +0.5%GUARD-7000。

光钻杆控滤失程序堵漏配方 3：光钻杆控滤失程序堵漏配方 2+5%~10% 分散凝胶。

基于龙马溪组强化井壁、随钻封堵的防漏工艺，提出了现场防漏堵漏的技术要点。相

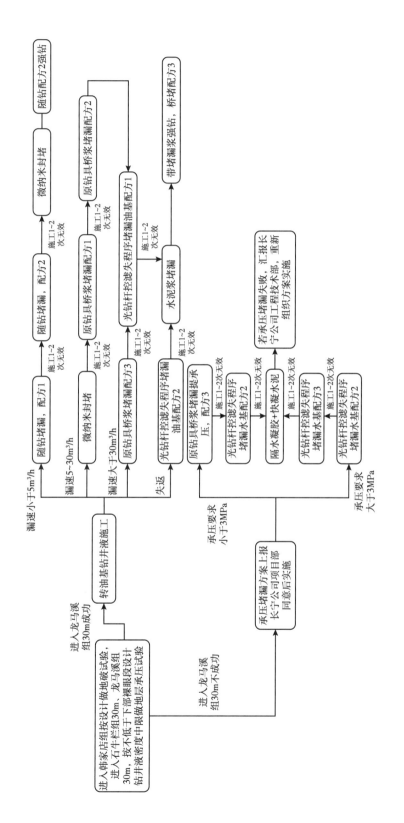

图 6-9　三开井段堵漏技术路线

比之前堵漏模板，主要增量为立足预防、主动降密度，油基钻井液提前加入随钻纳微米封堵材料强化井壁。

承压试验与降密度工艺：龙马溪组 A 靶点 30m，按不低于设计钻井液密度中限做地层承压试验，成功则转换为油基，失败则进行专项承压堵漏或采取降密度、控压钻井等方式；根据地层压力预测、邻井漏失与密度情况，采取降密度措施；参照邻井漏失井段提示，在油基钻井液中提前加入随钻纳微米级封堵剂，预防漏失、强化井壁。

第六节　现场防漏堵漏工作表

一、长宁各开施工前防漏要点确认清单

一开、二开、三开作业施工前确认清单见表 6-3 至表 6-5。

表 6-3　一开施工作业前确认清单

序号	确认事项	确认状态	情况备注
1	长宁公司提供：①钻前施工基础信息；②水文、岩溶等勘察报告；③地震解释资料；④技术交底	□确认　□未确认	
2	钻探公司提供：①邻近平台/邻井实钻资料；②平台堵漏预案（含各开堵漏技术措施）	□确认　□未确认	
3	钻探公司提供：①开钻前储备水量与供水计划；②按设计储备堵漏材料	□确认　□未确认	
4	钻探公司应针对井漏风险大、漏失量大的井，确保具备 24h 内到井水泥堵漏能力	□确认　□未确认	
5	钻探公司应做好平台基础、周围水文监测点的踏勘工作，安排人员定期巡检取样	□确认　□未确认	

表 6-4　二开施工作业前确认清单

序号	确认事项	确认状态	情况备注
1	长宁公司提供井漏风险预告	□确认　□未确认	
2	钻探公司落实：①配浆罐应满足独立从循环罐上水；②加重泵满足上水罐独立上水和回水，罐管线畅通；③落实配置的搅拌器与加重泵电动机功率满足高浓度（25% 以上）桥接堵漏配置搅拌运行要求	□确认　□未确认	
3	钻探公司按照设计应落实：①储备满足 2 次以上堵漏施工材料（粗中细级），满足随堵、桥堵作业施工；②对于井漏风险大的井，现场应储备一定数量的水泥及外加剂	□确认　□未确认	
4	钻探公司应针对井漏风险大、漏失量大的井，落实：①平台配备液面监测仪；②具备 24h 内到井水泥堵漏能力；③具备 24~48h 控压钻井设备装置到井能力	□确认　□未确认	
5	钻探公司应对井漏钻具变化，做好诸如大尺寸水眼钻头、铣齿堵漏接头、测斜工具准备	□确认　□未确认	

表 6-5　三开施工作业前确认清单

序号	确认事项	确认状态	情况备注
1	长宁公司组织：①地震测井资料分析交底，井漏风险预告提示；②钻进技术路线图技术交底	□确认　□未确认	
2	钻探公司落实：①配浆罐应满足独立从循环罐上水；②加重泵满足上水罐独立上水和回水，罐管线畅通；③落实配置的搅拌器与加重泵电动机功率满足高浓度（25% 以上）桥接堵漏配置搅拌运行要求	□确认　□未确认	
3	钻探公司按照设计应落实：①储备满足 2 次以上堵漏施工材料（粗中细级），满足随堵、桥堵作业施工；②储备一定量纳微米封堵材料；③对于井漏风险大的井，现场储备一定数量的水泥及外加剂	□确认　□未确认	
4	钻探公司应针对井漏风险大、漏失量大的井，落实：①平台配备液面监测仪；②具备 24h 内到井水泥堵漏能力；③具备 24~48h 控压钻井设备装置到井能力	□确认　□未确认	
5	钻探公司应针对井漏钻具组合变化，准备铣齿堵漏接头，掌握定向工具最小间隙数据	□确认　□未确认	

二、长宁页岩气堵漏施工单

长宁页岩气堵漏施工单见表 6-6。

表 6-6　长宁页岩气堵漏施工单

漏失发生日期		承钻单位		井号		队号	
区块		开次		井眼尺寸		钻头位置	
钻头地层		漏失地层		漏失发生日期		工况	
井深 /m		垂深 /m		堵漏方式		漏层压力 /MPa	
钻压 /kN		转数 /（r/min）		排量 /（L/s）		泵压 /MPa	
钻具下深 /m		钻具内容积 /m³		环空容积 /m³		堵漏浆配制量 /m	
漏速 /（m³/h）		漏失量 /m³				有效钻井液量 /m³	
		钻井液体系	清水				
			水基钻井液				
			油基钻井液				
钻井液密度 /（g/cm³）		仪器最大通过尺寸 / 目		环空液面高度 /m		地层破裂压力 / MPa	
泵入堵漏浆量 /m³		顶替量 /m³		堵漏浆理论井段起 /m		堵漏浆理论井段止 /m	
堵漏泵压 /MPa		堵漏排量 /（L/s）		返浆时间		返浆量 /m³	
挤入量 /m³		返吐量 /m³		吊灌量 /m³		井口憋压值 /MPa	

续表

漏失发生日期		承钻单位		井号		队号	
憋压时间		折算当量密度 /（g/cm³）		开始施工时间		结束施工时间	
岩性		本次漏失类型		漏失量 /m³		上部已钻漏失情况	
井身结构							
钻具组合							
钻井液性能							
堵漏配方情况							
设备情况							
施工过程简述							
堵漏效果评价							

钻井技术负责人：　　　　　　　　地质技术负责人：

钻井液技术负责人：　　　　　　　定向井负责人：

三、长宁区块地破与承压堵漏数据记录

长宁区块地破与承压堵漏数据记录表见表6-7。

表 6-7　长宁区块地破与承压堵漏数据记录表

序号	地破试验						承压试验						承压堵漏					
	井深 /m	垂深 /m	层位	钻井液密度 /（g/cm³）	承压 /MPa	当量密度 /（g/cm³）	井深 /m	垂深 /m	层位	钻井液密度 /（g/cm³）	承压 /MPa	当量密度 /（g/cm³）	井深 /m	垂深 /m	层位	钻井液密度 /（g/cm³）	承压 /MPa	当量密度 /（g/cm³）
1			进入韩家店组 X_m						进入石牛栏组 X_m						进入石牛栏组 X_m			
2									进入龙马溪组 X_m						进入龙马溪组 X_m			
3									A点						A点			

四、钻井平台三开防漏堵漏技术路线图

钻井平台三开防漏堵漏技术路线图如图6-10所示。

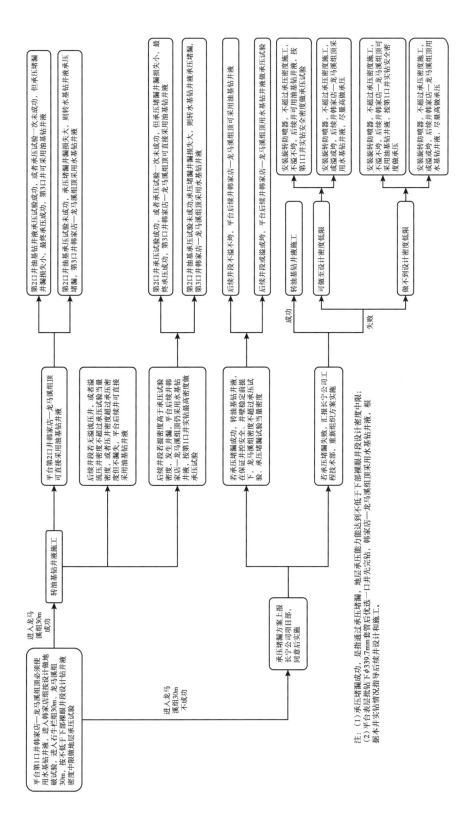

图 6-10　钻井平台三开防漏堵漏技术路线

第七章　典型防漏堵漏案例

细致分析前期长宁区块典型的防漏堵漏案例，可以对不同层位、不同漏失特征条件下，不同堵漏方法、配方、工艺的适应性和缺陷有直观的认识，可以在下一步防漏堵漏过程中提供宝贵的经验借鉴，提高一次性堵漏成功率。

第一节　降低钻井液密度法漏失防治应用效果

一、降密度措施有效降低了漏失风险

2021 年在长宁页岩气区块先后开展中途测试 4 井次、XPT 测井 9 井次、DFIT 测试 16 井次，掌握重点井重点层位，特别是区域地层龙马溪组压力系数，为实钻钻井液密度控制提供依据。共 24 口井采取降密度措施，降低了漏失风险和漏失复杂处理时间。311.2mm 井段飞仙关—韩家店组井段采用降密度措施 4 井次，密度下限降低 0.07~0.32g/cm³；215.9mm 井段石牛栏组、龙马溪组采用降密度措施 20 井次，密度下限降低 0.05~0.37g/cm³，密度上限降低 0~0.35g/cm³（表 7-1）。

表 7-1　2021 年降密度措施实施情况

井号	井眼尺寸/mm	原密度/（g/cm³）		降密度/（g/cm³）		差值/（g/cm³）		降密度效果
		下限	上限	下限	上限	下限	上限	
N20AH32-3	215.9	1.47	1.80	1.35	1.80	0	0.12	漏速降低
N20AH32-4	215.9	1.47	1.80	1.35	1.80	0	0.12	漏失 1.2g/cm³ 钻井液 106.2m³
N20AH32-5	215.9	1.47	1.80	1.35	1.45	0.35	0.12	漏失 1.2g/cm³ 钻井液 20m³
N20AH33-1	215.9	1.65	1.88	1.50	1.88	0	0.15	漏失解除
N20AH33-2	215.9	1.65	1.88	1.50	1.88	0	0.15	漏失解除
N20AH47-1	215.9	1.57	1.80	1.20	1.65	0.15	0.37	经降排量、两次桥接堵漏后，再降密度至 1.2g/cm³，漏速减少
N20AH47-2	215.9	1.27	1.65	1.20	1.65	0	0.07	密度降至 1.2g/cm³ 后，未发生漏失
N20AH47-3	215.9	1.27	1.80	1.20	1.80	0	0.07	密度降至 1.2g/cm³ 后，未发生漏失
N20AH47-4	215.9	1.49	0	1.44	0	0	0.05	漏失解除
N20AH50-1	215.9	1.67	1.85	1.55	1.85	0	0.12	漏失密度为 1.2g/cm³ 钻井液 11.5m³

续表

井号	井眼尺寸 / mm	原密度 / (g/cm³)		降密度 / (g/cm³)		差值 / (g/cm³)		降密度效果
		下限	上限	下限	上限	下限	上限	
N20AH58-1	215.9	1.67	1.85	1.55	1.85	0	0.12	密度降至 1.55g/cm³ 后，未发生漏失
N21CH14-1	215.9	1.87	2.32	1.65	2.32	0	0.22	漏失解除
N21CH14-6	215.9	1.97	2.32	1.75	2.32	0	0.22	密度降至 1.75g/cm³ 后，未发生漏失
N20AH58-1	311.2	1.37	1.57	1.30	1.57	0	0.07	经两次桥接堵漏后，降密度至 1.3g/cm³，堵漏成功
N21CH14-1	311.2	1.32	1.40	1.05	1.40	0	0.27	未发生漏失
N21CH14-6	311.2	1.32	1.40	1.00	1.40	0	0.32	未发生漏失
Y206	311.2	1.47	1.60	1.35	1.60	0	0.12	未发生漏失

2022 年，在 311.2mm、215.9mm 井眼推广应用控压钻井和多开次旁通阀，全过程安装旋转总成，有效降低井控安全风险，同时通过控压钻井实现了降密度防漏钻进，通过多开次旁通阀实现不起钻堵漏，节约了井漏处置时间（表 7-2）。

表 7-2 安装旋转防喷器后降密度防控井漏典型井统计表

序号	井号	层位	设计压力系数	设计密度 / (g/cm³)	降密度后实钻密度 / (g/cm³)
1	NH30-1、NH30-3、NH30-4、NH30-5、NH30-6、NH30-7	茅口 / 栖霞组	1.15	1.22~1.30	1.05
2	NH32-1、NH32-2、NH32-9、NH32-10	茅口 / 栖霞组	1.15	1.22~1.30	1.16~1.18
3	N20AH47-9、N20AH47-10、N20AH47-11、N20AH47-12	茅口 / 栖霞组	1.15	1.22~1.30	1.14~1.18
4	N20AH50-5	茅口 / 栖霞组	1.15	1.22~1.30	1.00（带帽清水强钻，套压最高 5MPa）
5	N20AH50-5	韩家店组	1.30	1.37~1.45	1.00（带帽清水强钻，套压最高 5MPa）
6	N20AH47-9、N20AH47-11、N20AH47-12	龙马溪组	1.25	1.32~1.50	1.25
7	N20AH9-1、N20AH92	龙马溪组	2.00	2.07~2.20	1.95~1.97
8	N20AH1-8、N20AH1-9、N20AH1-11	龙马溪组	1.90	1.97~2.20	1.87~1.92
9	Y207 直改平	龙马溪组	1.15	1.22~1.65	1.15~1.18

控压钻井在 311.2mm 井眼应用 17 井次，钻井液密度最高由 1.37g/cm³ 降至 1.00g/cm³（N20AH50-5 井）；215.9mm 井眼应用 14 井次，钻井液密度最高由 1.22g/cm³ 降至 1.15g/cm³（Y207 直改平）。

多开次旁通阀在 311.2mm 井眼应用 17 井次，实现不起钻堵漏 8 次；215.9mm 井眼应用 11 井次，实现不起钻堵漏 13 次。

二、N20AH58 平台的防漏堵漏效果

1. 降低密度效果

降密度钻井井径分析表明:N20AH58-2 井水平段钻井液密度 1.72~1.81g/cm³（图 7-1）: A 点测深为 2950m，水平段井径扩大率 5.9%，4500m 降低钻井液密度至 1.72g/cm³ 后，扩径率仍然较小。

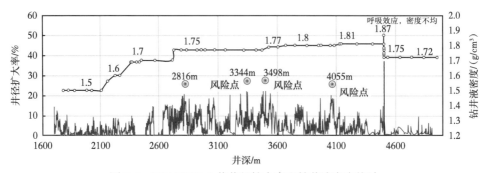

图 7-1　N20AH58-2 井井径扩大率和钻井液密度统计

N20AH58-1 井水平段钻井液密度 1.58~1.72g/cm³（图 7-2）: A 点测深为 3100m，水平段平均井径扩大率 7.1%，优化降低钻井液密度，测深 3729m 后密度降为 1.58g/cm³ 以后扩大率为 6.6%。N20AH58-1 井实钻钻井液密度 1.58g/cm³（3729m 后），设计钻井液密度:按照地层压力 1.60g/cm³，附加 0.07~0.15g/cm³，钻井液密度 1.67~1.75g/cm³。

说明两口井降密度后没有发生井壁垮塌问题，实现了较好的漏失防治效果（图 7-3）。

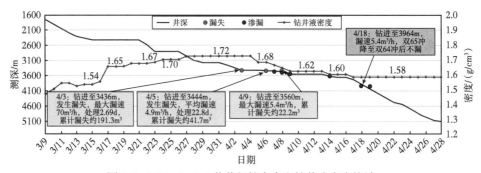

图 7-2　N20AH58-1 井井径扩大率和钻井液密度统计

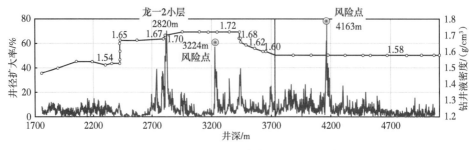

图 7-3　N20AH58-1 井降密度漏失防治效果

2.呼吸效应控制

N20AH58-2 井，4502m 时发生失返性漏失，伴随显著的井眼呼吸效应，通过环空压耗分析定位漏点，开展泵冲试验，明确了漏失回流井底临界当量循环密度，通过控制井底当量循环密度实现了防漏钻进，探索了微裂缝漏失防治的新工艺。

3.油基钻井液防漏堵漏效果

针对 N20AH58-1 井三开龙马溪组防漏堵漏，立足封堵微裂缝同时强化井壁，采用纳米、微米封堵剂填充封堵，提出了纳米封堵防漏、轻度渗漏随钻堵漏和优化粒径级配承压堵漏的配方体系、正挤 + 反挤堵漏工艺，成功解除井漏复杂。

现场试验要点如下：

（1）纳微米封堵：加入总量 1.5% 的 DRP-36 随钻纳米封堵剂和 DRP-32 随钻微米封堵剂，达到了强化井壁和封堵微裂缝的目的。

（2）优化堵漏材料及配方：合理选用刚性和柔性堵漏剂粒子，依据粒径级配原则，设计 3436~3560m 井段漏失随钻复合堵漏配方，一次堵漏成功，一趟钻 1451m 到完钻。

（3）改进堵漏工艺（图 7-4）：大排量及高泵压正挤堵漏工艺可以适当撑开裂缝，使各种粒径堵漏剂快速进入裂缝深处卡牢，避免或减少封门现象，堵漏浆中各种粒径的堵漏剂在大排量的反复推送下，形成稳定的封堵带，减少了裂缝闭合后的复漏可能。

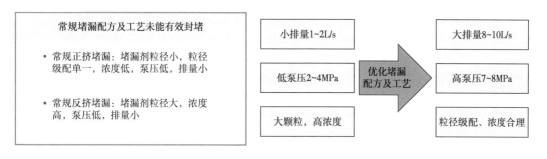

图 7-4　改进了油基防漏堵漏工艺

三、N20AH50-4 井控制钻井液密度防漏成功

N20AH50-4 井安全钻井液密度窗口设计：根据龙马溪组的最小水平应力，确定井底当量循环密度为 1.98g/cm^3，反算钻井液密度应该不超过 1.74g/cm^3；根据中等垮塌应力曲线，在井深 4750m 前密度下限设定为 1.70g/cm^3；结合以上两方面设定龙马溪组密度窗口 1.70~1.74g/cm^3，结合邻井漏失情况，推荐优化密度窗口为 1.70~1.72g/cm^3；A 点当量循环密度约 1.84g/cm^3，所以要求 A 点以上各个层段承压试验目标值为 1.85g/cm^3 当量密度。钻进至完钻井深 4760m 无漏失（邻井有较严重漏失）。

第二节　现场应用案例

长宁页岩气区块漏失情况严重，水基钻井液在茅口组和韩家店组漏失严重，油基钻井液在龙马溪组漏失量大且处理时间长。以下为典型防漏堵漏案例效果分析，总结经验教训，供读者作为参考。

一、N20AH42-1 井

N20AH42-1 井二开（311.2mm）井眼水基钻井液桥接堵漏成功。

N20AH42-1 井钻进至 1275m 发现井漏，漏失 0.8m³，观察钻进至 1293.88m，降排量测漏速，排量 15.5L/s，最大漏速：38.0m³/h，最小漏速：5.4m³/h，平均漏速：15.5m³/h，共漏失 7.1m³。

堵漏作业：注入堵漏浆 17m³（浓度 38%，配方：10% 随钻堵漏剂 +4%FDJ-1+4%WNDK-1+10%WNDK-2+10%WNDK-3，替浆 16m³，漏失 10.1m³）；注入堵漏浆 17m³（浓度 27%，配方：12% 随钻堵漏剂 +5%WNDK-2+12%WNDK-3，替浆 17m³，漏失 7.5m³）；泄压开井，下钻完，循环，排量 50L/s，立压 17~19MPa，液面正常，未漏，复合钻进至井深 1322m，钻压 80~120kN，排量 55L/s，继续钻进至 1653m 不漏，堵漏成功。

效果评估：承压堵漏浆配方比较合理，施工工艺得当，堵漏配方中粗、细颗粒比例合适，既能保证堵漏材料进入漏失通道，形成封堵层，又能有效防止封门现象的发生。

二、N20AH33-2 井

N20AH33-2 井三开（215.9mm）井眼水基钻井液桥接堵漏成功。

N20AH33-2 井在石牛栏组扩眼钻井过程中发生漏失，下光钻杆至 1643.9m，未返浆。泵入浓度 45% 堵漏浆 43m³（配方：12%BH029+5%FDJ-1+5%WNDK-1+8%WNDK-2+5%LCM-3+5%WNDK-3+5%LCM-1），共挤入堵漏浆 15.4m³，泄压开井，敞井候堵，下钻至井深 1938m，返出正常，后续通井、电测未发生漏失。

三、N20AH50-1 井

N20AH50-1 井三开（215.9mm）井眼油基钻井液承压堵漏成功。

N20AH50-1 井为满足龙马溪组钻进，需要提高承压能力至少到 1.65g/cm³，之前的承压能力只达到当量密度 1.63g/cm³。起钻至井深 1894m，泵入堵漏浆 20m³（浓度 20%，配方：5%DSA+%5ZR-31+5% 细目钙 +3%LCM-1+2%WNDK-4），替浆 17m³，关井憋挤（分段打压至 3.80MPa，当量密度 1.69g/cm³），循环，下钻到底恢复钻进。

效果评估：达到承压能力最低要求，能够在 A 点承受 1.67g/cm³ 的正常钻进排量。

四、N20AH33-4 井

1.基本情况

N20AH33-4 井设计井深 4482m，设计水平段长 1600m。311.2mm 井眼中完钻井深 1378m，进入韩家店组 54m（设计进入韩家店组垂深 20~30m），244.5mm 套管下深 1374.673m，层位：韩家店组顶部。

1）井身结构

N20AH33-4 井井身结构如图 7-5 所示。

本井采用膨胀管治理漏失，井身结构变更为图 7-6 所示。

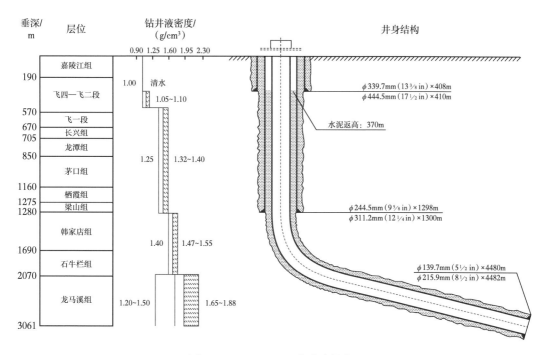

图 7-5 N20AH33-4 井井身结构图

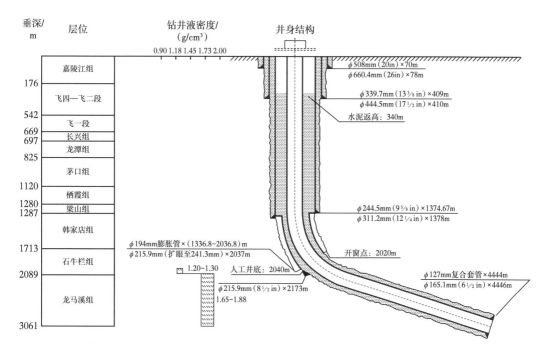

图 7-6 N20AH33-4 井变更后井身结构图

2）地层压力及钻井液密度

设计地层压力系数与设计密度：

韩家店—石牛栏组设计密度：$1.47\sim1.55g/cm^3$，已使用旋转防喷器，变更为 $1.05\sim1.55g/cm^3$。

石牛栏—龙马溪组设计密度：$1.65\sim1.88g/cm^3$。

2. 发生过程（1487.6～2173m 井漏）

2020 年 5 月 27 日 3：45 215.9mm 井眼开钻，6 月 24 日 12：10 用密度 $1.20g/cm^3$ 水基钻井液钻进至 2173m（进入龙马溪组 5m，韩家店组底 1768m，石牛栏组底 2168m），钻进期间多次发生井漏，累计堵漏 12 次，处理卡钻 1 次。2020 年 5 月 28 日用密度 $1.05g/cm^3$ 水基钻井液钻进至 1487.6m 井漏，漏速 $48m^3/h$，抢钻至 1615.52m。

漏失地层：石牛栏组。

3. 处理过程

1）光钻杆注水泥堵漏

5 月 29 日下光钻杆举砂。起钻至管鞋 1370m 关井正挤钻井液 $6m^3$ 未起套压，正挤 $35m^3$ 水泥浆堵漏。待水泥初凝后钻塞至 1546m，期间提密度至 $1.20g/cm^3$，发生井漏，漏速 $28m^3/h$。循环降密度由 $1.20g/cm^3$ 下降至 $1.16g/cm^3$，漏速 $5\sim10m^3/h$，钻塞完发生井漏失返。

2）用浓度 15% 随钻堵漏剂堵漏，后用 6% 随钻堵漏剂抢钻

5 月 31 日起钻至 1515m 泵入密度 $1.16g/cm^3$、浓度 15% 随钻堵漏浆 $17m^3$，起钻至 794m 关井正挤钻井液 $11m^3$，套压由 0MPa 上升至 3.2MPa，停泵后套压由 3.2MPa 下降至 2.5MPa，稳压 10min 未降。

下钻到底，用浓度 6% 随钻堵漏剂、密度 $1.16g/cm^3$ 钻井液抢钻至 1647m，漏速由 $24m^3/h$ 上升为 $72m^3/h$，起钻过程中水眼堵塞，更换光钻杆带牙轮组合堵漏。

3）光钻杆带牙轮用浓度 37% 桥浆堵漏

下钻到底，循环，排量 $32\sim37L/s$，漏速 $2.4m^3/h$。起钻至 1545m，关井正挤钻井液 $1m^3$，套压由 0MPa 上升至 1.4MPa 不再上涨，停泵后套压降为 0MPa。正注浓度 37% 堵漏浆 $15.1m^3$ 并顶替到位。起钻至 949m，分 8 次间断正挤钻井液 $13.5m^3$，套压由 0MPa 上升至 10.5MPa 后下降至 6.0MPa 后下降缓慢。循环筛堵漏材料，6 月 2 日复合钻进至 1700.36m，漏速 $16\sim36m^3/h$，测斜拉划期间漏速增大至失返。

4）开旁通阀用浓度 31% 桥浆堵漏，后抢钻失返

6 月 3 日投球开旁通，泵入浓度 31% 堵漏浆 $16m^3$，出口返出 $15.2m^3$，漏失密度 $1.16g/cm^3$ 钻井液 $0.8m^3$；顶替 $14m^3$，出口返出 $12.6m^3$。

起钻至 911m，憋压候堵，间断正挤钻井液累计 $15.6m^3$，套压由 0MPa 上升至 7.9MPa 后下降至 4.5MPa（10：00～11：00 稳压 4.5MPa 未降），6 月 3 日 17：25 复合钻进至 1719.48m，拉划循环期间发生井漏失返，漏失密度 $1.18g/cm^3$ 钻井液 $13m^3$，抢钻至 1721.51m，出口未返。

5）卡钻及处理

6 月 3 日 18：44 开泵倒划至 1709.37m，接立柱接顶驱上提钻具，原悬重由 86T 上升为 100T，下放至 50T 未脱，钻具遇卡。6 月 4 日 02：25 在 25～90T 范围活动钻具，下放钻具悬重由 75T 上升至 86T 原悬重，转动顶驱，扭矩 10～12kN·m，钻具解卡，震击器累计

下击 43 次，上击 20 次。

6）下光钻杆桥浆堵漏两次（浓度 31% 和 33%），划眼失返

6 月 4 日下光钻杆至 1600m，泵入浓度 31% 堵漏浆 19.7m³，出口未返，顶替密度 1.16g/cm³ 钻井液 14.6m³，泵入 6.7m³ 后出口见返，起钻至 950m，正挤钻井液套压由 3.4MPa 上升至 5.6MPa，停泵套压 3.9MPa 稳压 90min 降至 3.1MPa 后未降，开井泄压返 0.4m³。

6 月 5 日下钻至 1400m，返出正常，泵入浓度 33% 堵漏浆 13.4m³ 顶替到位，起钻至 920m，关井候堵，间断挤入密度 1.16g/cm³ 钻井液 13.5m³，套压为 3.4MPa 上升至 6.3MPa，停泵套压 5.0MPa，稳压 90min 下降至 0.4MPa，泄压开井返 0.3m³；划眼至 1719.5m，排量 35L/s，发生井漏，漏速 19.2m³/h，划眼至 1720.5m，漏速增大至井漏失返。

7）注水泥堵漏 2 次，在套管鞋处承压，后拉划失返

（1）6 月 6 日，正注密度 1.91g/cm³ 水泥浆 30.0m³，出口未返，接牙轮钻头下钻至 1424m 探得塞面，液面正常；起钻至 1372m 关井泵入钻井液 0.6m³，套压由 0MPa 上升至 5.0MPa 后下降至 3.2MPa，泵入钻井液 1.0m³，套压上升至 4MPa 不再上涨，停泵套压下降至 3.0MPa，经 10min 下降至 2.6MPa。

（2）6 月 7 日下光钻杆至 1422m，注入密度 1.90g/cm³ 水泥浆 8m³；起钻至 604m 关井正挤钻井液 1.1m³，套压由 0MPa 上升至 10.2MPa，压降 0.2MPa，泄压开井，返出钻井液 0.6m³。下钻至 1285m 探得塞面，钻塞至 1381m 做地层承压试验，关井泵入钻井液 0.5m³，套压由 0 上升至 10.1MPa，经 6min 压降 0.1MPa，折算当量密度 1.88g/cm³。

6 月 9 日，钻进至 1724m，液面正常，循环，排量 35L/s，拉划循环期间井漏失返。

8）浓度 56% 高失水复合堵漏浆堵漏 2 次，钻进失返

（1）6 月 10 日正注密度 1.25g/cm³、浓度 56% 高失水复合堵漏浆 30m³，后正反挤注钻井液 16.5m³，整个过程漏失聚合物钻井液 28m³，高失水复合堵漏浆 15.5m³；在反挤过程中，套压由 1.4MPa 上升至 11MPa；憋压候堵，每小时正挤 1m³，套压由 0MPa 上升至 12MPa，停泵 10~15min，套压降至 0MPa。

下钻至井深 1376m 做地层承压，折算当量漏失密度 1.62g/cm³，后钻进至 1726m，漏速 3~5m³/h。

（2）6 月 12 日，正注密度 1.25g/cm³、浓度 56% 高失水复合堵漏浆 31m³，后正反挤注钻井液 16m³，整个过程漏失聚合物钻井液 28m³、高失水复合堵漏浆 19m³；后关井候堵，累计挤注钻井液 5.6m³，套压由 0MPa 上升为 6.3MPa 后下降至 0MPa，漏失高失水复合堵漏浆 5.6m³；泄压开井，灌浆出口见返。

下钻至井深 1460.5m 探得塞面，做地层承压实验，泵入 0.4m³，套压由 0MPa 上升至 4.2MPa，观察 10min，套压下降至 0MPa，钻进至井深 1727.23m 井漏失返。

9）浓度 29% 桥浆堵漏（NTBASE）

6 月 13 日，泵入浓度 29% 堵漏桥浆 23m³，泵入 22.8m³ 出口见返，顶替钻井液 16m³，返出正常；起钻至 996m，关井泵入钻井液 1.1m³，套压 7.2MPa，15min 下降至 5MPa，泄压返出钻井液 0.4m³，泵入钻井液 0.6m³，套压 6.1MPa，5min 下降至 5.6MPa，泄压开井返出钻井液 0.4m³。

6 月 15 日钻进至井深 1798m（韩家店组底 1768m），漏速 12~84m³/h，期间接立柱拉划时井漏失返。

10）浓度 58% 高失水复合堵漏浆堵漏

6 月 16 日 10：20 关井正注密度 1.25g/cm³、浓度 56% 高失水复合堵漏浆 45m³，排量 13~21L/s，套压由 0MPa 上升至 5.9MPa，漏失聚合物钻井液 30.5m³，10：40 正替钻井液 12.5m³，排量 14~16L/s，套压 1.8~10.9MPa，停泵，套压降至 3.5MPa，反挤钻井液 2.5m³，套压由 3.5MPa 上升至 9.5MPa。

候堵至 6 月 17 日 09：30 下钻至井深 1377.5m 探得塞面，20：00 钻塞完，液面微漏，漏速 1~7m³/h；22：30 钻进至 1802m，钻进期间液面微漏，漏速 6~10m³/h。

11）浓度 50% 高失水复合堵漏浆堵漏

6 月 18 日 10：00 关井正注密度 1.18g/cm³、浓度 50% 高失水复合堵漏浆 44m³，排量 13~21L/s，套压由 0MPa 上升至 7.0MPa（期间泵入 2m³ 后起套压，停泵套压由 7.0MPa 下降至 2.5MPa），10：25 正替密度 1.10g/cm³ 的聚合物钻井液 12.5m³，排量 10~11L/s，套压由 2.5MPa 上升至 9.0MPa，停泵，套压降至 1.2MPa，反挤密度 1.10g/cm³ 的聚合物钻井液 3m³，套压由 1.2MPa 上升至 8.5MPa。

6 月 19 日 06：00 关井候堵（期间挤注钻井液 7m³，套压 6~8.3MPa，停泵 5~6min 套压降至 0），06：10 泄压开井，灌浆 6m³ 出口见返，10：00 下钻主动划眼至井底 1802m，排量 26L/s（未探到塞面），液面正常。

12）下光钻杆，用浓度 36%、浓度 29% 桥浆堵漏

钻进至龙马溪组顶 5m 后，6 月 26 日 18：35~19：49 正注浓度 29% 桥浆 19.8m³、浓度 36% 桥浆 33.2m³，漏失密度 1.20g/cm³ 钻井液 2.7m³，19：49~20：00 正替密度 1.20g/cm³ 钻井液 10m³，出口返出 10m³。

22：40 起钻至 720m 关井憋压候堵 15.3h，期间间断反挤密度 1.20g/cm³ 钻井液累计 24.1m³，套压由 0MPa 上升至 10MPa 后下降至 4.1MPa，6 月 27 日 14：00 泄压开井，出口返出 1.4m³。下钻到底筛堵漏材料液面正常，6 月 28 日 18：30 循环，排量 35L/s，全井提密度至 1.38g/cm³ 发生井漏，降排量至 32L/s，测得漏速 48m³/h，起钻至 1123m 采用高失水复合堵漏浆堵漏。

13）浓度 60%、密度 1.67g/cm³ 高失水复合堵漏浆堵漏

6 月 29 日 10：00 关井试挤钻井液 1.5m³，套压由 0MPa 上升至 1.7MPa 不再上涨，停泵套压降至 0MPa。关井正注密度 1.67g/cm³、浓度 60% 高失水堵漏浆 54.5m³，套压变化：0—1.9MPa—0—2.8MPa。正替密度 1.38g/cm³ 钻井液 17.3m³，套压由 2.8MPa 上升至 6.2MPa，倒阀门反挤密度 1.38g/cm³ 钻井液 1.7m³，套压由 6.2MPa 上升至 8MPa，停泵套压降至 6.3MPa，停泵 9min 后套压降至 0MPa。关井候堵 4h 后，正挤密度 1.38g/cm³ 钻井液 2m³，泵入 1m³ 时起压，套压由 0MPa 上升至 6.2MPa，停泵降至 5.2MPa，停泵 21min 后套压降至 0MPa。

4. 原因分析

1）漏失原因分析

根据该井 1487.6~2173m 漏失情况，结合地震剖面判断（图 7-7），该井的漏失仍为裂隙性漏失，微裂缝发育，造成钻井液渗入微裂缝引起岩石强度下降，导致薄弱地层承压能力降低。由于钻井液当量密度高于某一微裂缝的开启压力，使得微裂缝扩展延伸并在近井地带相互连通，由于天然微裂缝靠近区域断层和大裂缝，有可能逐渐与大裂缝连通，造成

恶性漏失。

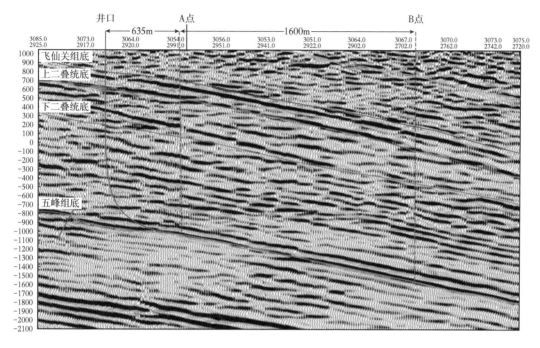

图 7-7　N20AH33-4 井轨迹地震解释剖面

2）堵漏效果不理想的原因

裂缝发育：地层微裂缝发育程度高，裂缝密集，与附近大裂缝连通，漏失通道涵盖微米级微裂隙到毫米级裂缝，需要堵漏材料具有较宽的粒径范围。不同裂缝的开启压力差别较大，难以准确判断漏失压力，井底当量循环密度控制难。

5. 经验教训

本井在 1487.6~2173m 钻进中，经过 14 次堵漏仍未解决漏失问题，桥堵、水泥、凝胶、高失水堵漏材料均失败，可能是钻遇破碎带，这种情况下可以考虑膨胀管工具，采用 ϕ194mm×11mm 膨胀管，下膨胀管前，将井眼扩至 ϕ225~235mm。下膨胀管后，采用固井方案，注水泥、打压膨胀封堵漏失井段，膨胀管上端与上层套管悬挂密封。

五、NH15-2 井

1. 基本情况

NH15-2 井位于 H15 平台，设计井深：4328m，目的层：龙马溪组。

1）井身结构

NH15-2 井井身结构如图 7-8 所示。实钻井身结构见表 7-3。

2）地层压力及钻井液密度

ϕ311.2mm 井眼采用聚合物钻井液钻进；ϕ215.9mm 井眼采用油基钻井液体系。韩家店—石牛栏组设计钻井液密度 1.47~1.55g/cm³，龙马溪组设计钻井液密度 2.10~2.32g/cm³（表 7-4）。

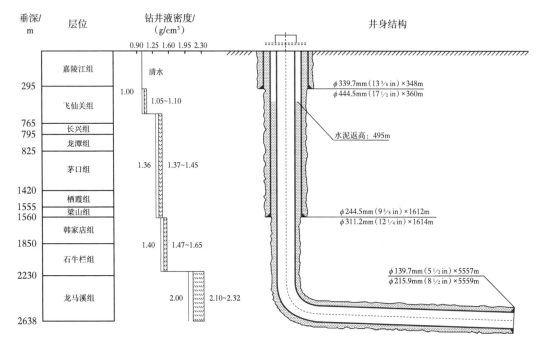

图 7-8　NH15-2 井井身结构图

表 7-3　NH15-2 井实钻井身结构

钻头 × 进尺	套管 × 下深
444.5mm×350m	339.7mm×348m
311.2mm×1614m	244.5mm×1612m
215.9mm×5559m	139.7mm×5557m

表 7-4　NH15-2 井地层压力与钻井液密度设计

层位	斜深井段 /m	垂深井段 /m	地层压力当量密度 / （g/cm³）	密度附加值 / （g/cm³）	钻井液密度 / （g/cm³）
嘉陵江—飞仙关组顶	0~350	0~350	1.0		清水
飞仙关组	350~645	350~645	1.0		1.05~1.10
飞仙关—韩家店组	645~1614	645~1580_	1.3	0.07~0.15	1.37~1.45
韩家店—石牛栏组	1614~2235	1580~2180	1.4	0.07~0.15	1.47~1.55
石牛栏—龙马溪组	2235~5559	2180~2638	2.0		2.10~2.32

2. 发生过程

1）1585.60m 漏失

层位：韩家店组，井眼 311.2mm，水基钻井液。

2018 年 12 月 11 日，08：00~13：00 复合钻进至井深 1585.60m 发现井漏，漏失钻井液 0.4m³，强钻至井深 1586.13m，漏失钻井液 4.8m³，测得漏速 18~26m³/h。

13：00~13：30 起钻至井深 1303.20m。

2）3951.52m 漏失

层位：龙马溪组，井眼 215.92mm，油基钻井液。

2020 年 3 月 9 日 00：32 旋转导向钻进至井深 3951.52m，发现井漏，漏失钻井液 0.5m³，随后立即失返，排量 30L/s，泵压 17MPa。

00：32~00：40 带泵上提钻具至井深 3946.71m，漏失钻井液 3.8m³，累计漏失 4.3m³，排量 25L/s，泵压 13~14MPa。

00：40~08：00 吊灌起钻至井深 3249.31m，应灌 3.2m³，实灌 8.4m³，出口未返，漏失钻井液 5.2m³，累计漏失 9.5m³。

08：00~17：00 起钻完，期间向环空吊灌密度 1.70g/cm³ 的油基钻井液，应灌 15.2m³，实灌 39.8m³，出口未返，漏失钻井液 24.6m³，累计漏失 34.1m³。

18：00~3 月 10 日 01：40 接铣齿接头下光钻杆至井深 3850m，应返钻井液 17.6m³，出口未返，漏失钻井液 17.6m³（期间每 1h 环空吊灌密度 1.70g/cm³ 油基钻井液 0.5m³，出口未返，漏失钻井液 4.0m³），累计漏失 55.7m³。

3. 处理过程

1）1585.60m 桥浆堵漏

2018 年 12 月 12 日，13：30~15：00 上下活动钻具，配制浓度 12% 堵漏浆 18.0m³（配方：1.0t ZR-31，0.5t FDJ-2，0.5t FDJ-1）。

15：00~15：15 泵入堵漏浆 13.0m³，排量 16L/s，出口未返，漏失钻井液 12.0m³。

15：15~15：30 泵替钻井液 14.0m³，排量 16L/s，出口未返，漏失钻井液 14.0m³。

15：30~16：00 起钻至井深 1030.00m。

16：00~20：00 上下活动钻具，候堵，间断吊灌钻井液 4.0m³ 未返，漏失钻井液 4.0m³。

20：00~20：10 灌入钻井液 5.0m³ 未返，漏失钻井液 5.0m³；。

20：10~21：40 下钻至井深 1303.20m，出口未返。

21：40~23：00 上下活动钻具，地面配制浓度 17% 堵漏浆 18.0m³（1.5t ZR-31，0.5t FDJ-2，1.0t FDJ-1）。

23：10~23：25 泵入堵漏浆 14.0m³，排量 16L/s，其中泵入堵漏浆 9.0m³ 后出口见返，漏失钻井液 12.4m³。

23：25~23：40 泵替钻井液 14.0m³，排量 16L/s，漏速 5~10m³/h，漏失钻井液 2.0m³。

23：40~13 日 00：20 起钻至井深 1030.00m。

00：20~04：30 接顶驱开泵循环候堵，排量 9L/s，井未漏。

04：30~05：20 变排量循环，井未漏。

05：20~05：40 下钻至井底。

05：40~06：00 循环钻井液，排量 50L/s，未漏。

06：00~06：30 钻进至井深 1587.60m 发现井漏，漏失钻井液 0.6m³，强钻至 1587.80m，漏速 15~18m³/h，漏失钻井液 3.0m³。

08：00~10：00 起钻至井深 1302.20m，上下活动钻具，配制浓度 10% 堵漏浆 15.0m³（1.0t

ZR-31，0.5t FDJ-1）。

10：00~10：15 泵入堵漏浆 10.0m³，排量 16L/s，其中泵入堵漏浆 8.0m³ 后出口见返，漏失钻井液 8.6m³。

10：15~10：30 泵替钻井液 14.0m³，排量 16L/s，漏速 5~8m³/h，漏失钻井液 1.4m³。

10：30~10：50 起钻至井深 1030.00m。

10：50~14：00 候堵。

15：20~15：30 循环钻井液，排量 50 L/s，未漏。

15：30~19：00 复合钻进至二开固井井深 1615.50m。

2）3951.52m 桥浆堵漏

2020 年 3 月 10 日，01：40~02：10 泵注密度 1.70g/cm³、浓度 30%（配方：0.8t 堵漏剂 WNDK-5，0.4t WNDK-1，0.4t WNDK-3，0.4t WNDK-2，1t LCM-3，2t LCM-2，1t LCM-1）的堵漏浆 17.0m³，排量 17~19L/s，泵压 4.5~11.0MPa，出口未返，漏失堵漏浆 17.0m³。

02：10~03：00 钻井泵顶替 1.80g/cm³ 的钻井液 36.0m³，排量 18L/s，泵压 9.5~10MPa，出口未返，漏失钻井液 36.0m³，累计漏失 91.7m。

03：00~04：30 起钻至井深 3519.70m，应灌 1.6m³，实灌 3.6m³，出口未返，漏失钻井液 2.0m³，累计漏失钻井液 93.7m³。

04：30~08：00 候堵，注水泥准备（每 1h 吊灌 1.0m³，出口未返，漏失钻井液 3.3m³）。本次共漏失密度 1.70~1.80g/cm³ 的油基钻井液 87.5m³，漏失密度 1.70g/cm³、浓度 30% 的堵漏浆 17.0m³。

3）3951.52m 水泥堵漏

2020 年 3 月 10 日 19：20~19：50 注水泥堵漏准备；堵漏井段为 3651~3951.52m。

20：00~20：20 用一台 100-30 型水泥车注入缓凝水泥浆 12.0m³，（折合嘉华 G 级水泥 20t），水泥密度最高 1.91g/cm³，最低 1.87g/cm³，平均密度 1.89g/cm³，排量 840~920L/min，泵压 8.2~10.9MPa，井口无返浆，漏失 12.0m³，累计漏失 34.8m³。

20：20~20：25 用一台 100-30 型水泥车注入后隔离液 1.0m³，密度 0.83g/cm³，井口无返浆，漏失白油 1.0m³，累计漏失白油 5.0m³。

20：30~21：00 顶替钻井液 24.0m³，钻井液密度 1.80g/cm³。排量 1800~2200L/min，泵压 5~10MPa，井口无返浆，漏失钻井液 24.0m³。

21：00~21：05 顶替重浆 3.0m³，密度 2.40g/cm³。排量 1780~1820L/min，泵压 10~15MPa，井口无返浆，漏失钻井液 2.0m³。

21：05~21：15 顶替密度 1.80g/cm³ 的钻井液 3.0m³，排量 1008L/s，泵压 5~6MPa，出口未返。

21：15~3 月 11 日 00：00 起钻至井深 2209m，应灌 7.0m³，实灌 7.0m³，出口未返，漏失水泥浆 7.0m³，累计漏失 9.0m³（裸眼剩余水泥浆 3.0m³）。

00：00~08：00 敞井候凝，出口无显示（期间间断吊灌钻井液 2.3m³，出口未返，漏失水泥浆 2.3m³，累计漏失 11.3m³，裸眼剩余 1.7m³）。

3 月 12 日 08：00 敞井候凝，出口无异常，间断吊灌钻井液 2.4m³，出口见返，后续正常钻进。

4. 原因分析

1）漏失原因分析

本井二开 311.2mm 井眼在韩家店组 1585.60m 漏失，漏失速率 18~26m³/h，非大漏失，经过 3 次桥堵成功，仍为裂缝性漏失，且缝宽不会很宽，多为毫微米级裂缝。

在三开 3951.52m 龙马溪组漏失，发展为失返性漏失，先后采用桥浆和水泥堵漏，钻井液密度 1.7g/cm³，桥堵钻井液全部漏失，从漏失情况判断为裂缝性漏失，与本层位经常发生的微裂缝漏失有区别，缝宽更大，大于所采用的堵漏颗粒的架桥尺寸。

2）堵漏效果评价与原因

（1）地层条件：311.2mm 井眼钻遇毫微米级裂缝，215.9mm 井眼龙马溪组钻遇较宽裂缝，不同于本层位常见的微裂缝漏失。

（2）311.2mm 井眼桥浆堵漏：311.2mm 井眼经 3 次桥堵成功，第一次采用 12% 堵漏浆 18.0m³（配方：1t ZR-31，0.5t FDJ-2，0.5t FDJ-1），全部漏失；第二次采用浓度 17% 堵漏浆（1.5t ZR-31，0.5t FDJ-2，1t FDJ-1），开泵循环未漏，强钻 2m 后再次漏失，第三次采用 10% 堵漏浆 15.0m³（1t ZR-31，0.5t FDJ-1），顺利钻进。从配方及效果对比来看，增加 FDJ-1 有效，对于这类裂缝，精细堵漏颗粒材料粒级设计仍是关键。

（3）215.9mm 井眼桥浆堵漏失败：堵漏浆颗粒尺寸小于裂缝架桥的临界尺寸，难以架桥，全部漏失。

（4）215.9mm 井眼水泥堵漏有效：水泥浆堵漏过程中井口未返出，但候凝后能够正常钻进，说明水泥在裂缝内部一定深度可以滞留，可能是前序桥堵材料在漏失进入裂缝后随着裂缝变窄能够发挥桥堵作用，后续水泥进入后能够滞留。

5. 经验教训

本井 311.2mm 井眼漏失通过桥堵治理，以裂缝性漏失为主，精细设计堵漏浆的适粒径范围是下步需要优化的方向，在一定范围内对不同裂缝均能有效封堵。

215.9mm 井眼在龙马溪组失返性漏失，桥堵和水泥堵漏有一定效果，但在治理过程中均无法建立循环，可能为钻遇较大裂缝，随着堵漏浆深入裂缝，在一定缝宽位置架桥成功，进而提高水泥堵漏效果。这种情况需提高堵漏材料粒径。准确定性判断漏失类型和裂缝宽度是关键。

六、N21CH27-3 井

1. 基本情况

N21CH27-3 井位于四川省宜宾市珙县下罗镇兴隆村四组，设计井深：4401m，目的层：龙马溪组，水平段长：2000m，构造位置：长宁背斜构造中奥陶统顶构造南翼。设计 A 点：垂深 2605m，闭合距 574m，闭合方位 302.3°。设计 B 点：垂深 2661m，闭合距 1628m，闭合方位 9.4°。

1）井身结构

N21CH27-3 井井身结构如图 7-9 所示。

2）地质风险提示

三维地震资料提示，该井区有一个大的断层，有钻遇断层的可能（图 7-10）。

在靠近 A 靶点附近断层发育（韩家店—石牛栏组），根据地层剖面图信息，本井至 A

靶点以前均处于地层挤压的破碎带上，无准确的邻井资料可供参考。

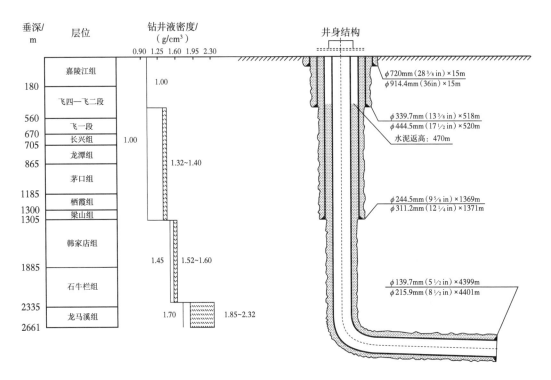

图 7-9　N21CH27-3 井井身结构图

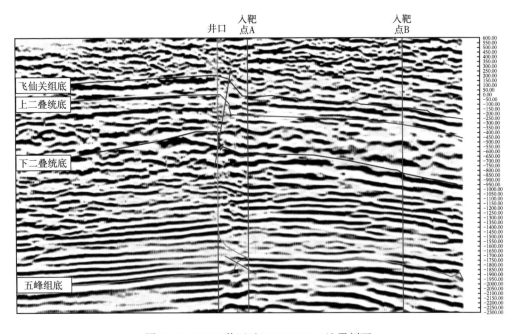

图 7-10　N21C 井区过 N21CH27-3 地震剖面

2. 发生过程

本井于 2019 年 2 月 12 日 06：00 一开，2 月 23 日 04：00 钻进至井深 523m 一开完钻。2019 年 3 月 4 日 12：00 二开，2019 年 5 月 5 日 09：30 钻至井深 1455m 二开完钻。

三开油基钻井液失返漏失：2019 年 5 月 14 日 18：40 钻完水泥塞钻进至井深 1455m 井漏失返，油基钻井液密度 1.60g/cm³，排量 32L/s，泵压由 12MPa 降至 1.4MPa，随后降为 0。

3. 处理过程

1）注水泥堵漏 2 次

5 月 14 日：21：30 短起 4 柱活动钻具等措施；21：30~22：00 探沉砂 0.5m；22：00~15 日 08：00 短起 4 柱活动钻具，做转换水基钻井液准备。

5 月 15 日：08：00~12：00 回收循环罐内油基钻井液，配制水基钻井液；12：00~13：30 钻具水眼泵入水基钻井液 15m³，环空未返浆；13：30~14：00 分两次通过反循环压井管线向环空灌入水基钻井液 50m³ 未返，井筒内油基钻井液替空；14：00~16：00 配制水基钻井液；16：00~23：00 起钻完；23：00~16 日 04：30 下光钻杆至井底；04：30~08：00 清理设备卫生、注水泥准备。

5 月 16 日：08：00~12：30 注水泥准备，环空灌钻井液 4m³；12：30~13：00 探沉砂 0.3m，循环冲砂泵入钻井液 22m³ 未返；13：00~13：20 起钻至 1350m；13：20~14：10 注水泥堵漏（13：20~13：25 冲洗管线，管线试压 15MPa，13：25~13：30 泵入前置液 5m³，密度 1.0g/cm³，13：30~13：55 泵入水泥浆 16m³，密度 1.90g/cm³，排量 1.0m³/min，泵压 2.2MPa，使用嘉华 G 级水泥 25t；13：55~13：57 注后置液 1m³；13：57~14：10 替钻井液 7.4m³，注水泥施工过程未返浆）。14：10~16：00 起钻 15 柱，冲洗钻具水眼泵入钻井液 8.6m³ 未返；16：00~20：00 起钻至井深 110m；20：00~17 日 00：00 候凝，环空吊灌钻井液 5m³ 未返；00：00~00：30 井筒泵入钻井液 30m³ 未返；00：30~08：00 环空吊灌钻井液 8m³ 未返，井筒容积 55m³，注水泥后共灌入钻井液 60m³ 未返浆。

5 月 17 日：08：00~11：30 下光钻杆至 970m；11：30~13：00 起钻检查钻具标记，实探井筒内液面位置为井深 450m；13：00~16：00 下钻至井底；16：00~17：30 循环冲砂，泵入钻井液 30m³ 未返，起钻至 1350m；17：30~18：00 注水泥堵漏，施工过程未返浆（17：30~17：35 冲洗管线，管线试压 15MPa；17：35~17：40 注前置液 5m³，密度 1.0g/cm³；17：40~18：00 注水泥浆 16.5m³，密度 1.88~1.90g/cm³，使用嘉华 G 级水泥 25t；18：00~18：02 注后置液 1.5m³；18：02~18：15 静置 13min，钻具内外液柱自然找平，作业过程顶驱转速 20r/min；18：15~21：40 起钻 400m，共灌浆 2.3m³；21：40~18 日 08：00 候凝。

2）第三次，凝胶 + 水泥堵漏

5 月 26 日 14：40 完成第三次注水泥堵漏作业（12：05~12：10 泵车注清水 10m³ 冲洗井底；12：10~12：20 管线试压 20MPa；12：20~12：40 起钻至 1350m；12：40~14：05 钻井泵注入浓度 1.2% 凝胶 50m³，密度 1.02g/cm³，排量 0.66m³/min，泵压 0MPa；14：05~14：07 泵车注清水 1m³；14：07~14：30 注水泥浆 16.5m³，密度 1.82g/cm³，排量 0.8m³/min，泵压 2.6MPa，使用嘉华 G 级水泥 25t；14：30~14：40 泵车注清水 9.5m³ 替钻具内水泥浆。堵漏过程未返浆。候凝 12h 环空灌浆 17m³ 返浆，液面稳定在井口。候凝 24h 探塞面 1220m 遇阻，扫塞至 1259m 井漏，1259m 失返。降排量划眼至井深 1373m 井口返浆，排量 20L/s，

泵压 2.5MPa 逐渐涨至 3.6MPa，划眼至 1450m 再次失返，继续划眼至 1460m 起钻。第三次注水泥堵漏失败。

3）第四次，桥浆＋凝胶＋水泥堵漏

5月28日决定通过"桥浆＋凝胶＋注水泥"进行堵漏，16：00完成注水泥堵漏作业[15：00~15：15泵入浓度23%堵漏浆17.1m³（配方：5%核桃壳3~5mm+3%核桃0.5~1mm+5%复堵1型+3%复堵2型+2%蛭石+2%弹性颗粒+3%木质纤维）；15：15~15：20注隔离液2m³（浓度0.3%凝胶）；15：20~15：25泵车管线试压15MPa；15：25~15：45注水泥浆16.5m³，密度1.88g/cm³，排量1.0m³/min，泵压3.5MPa，使用嘉华G级水泥25t；15：45~15：48洗管线替清水1.5m³，施工过程未返浆；15：48~16：00保持顶驱转速20r/min，静置液面自动找平]。起钻过程灌浆2.6m³，候凝12h后井筒内灌入清水44.4m³井口返浆，液面下降快，无法保持。29日下钻探水泥塞时1340m失返，探得实塞位置1460m，加压10T，稳压15min，钻压未降，18：00起钻。第四次注水泥堵漏失败。

4）第五次，填充物＋水泥堵漏

总结前4次堵漏情况，井底裂缝多，张开度大，决定采用"填充物＋注水泥"堵漏（图7-11和图7-12）。29日下钻扫塞，探得塞面1460m，加钻压10T未降。起钻后井内投入填充物约1m³（干谷草团，青草、白棕绳团黄泥球），下钻将填充物推入井底漏层，划眼至1462.5m起钻。30日井内第二次投入填充物约2m³（干谷草团，青草、白棕绳团黄泥球，海带团，棉絮团），下钻推送至1456m遇阻。31日第三次向井内投入填充物约2m³，下钻推送至1450m遇阻，将填充物压实至1454.3m，划眼至1455.3m起钻。6月1日第四次向井内投入填充物，填充物新增加红砖块、短树枝。下钻推送至1050m遇阻，加钻压6~8t推送至1447m压实，划眼至1453.5m出套管鞋失返，划眼至1459m起钻。2日第五次向井内投入填充物（红砖块、橡胶条、黄泥团、谷草团等）。

图 7-11　凝胶液体

图 7-12　14cm×12cm×5cm 填充物

2日08：00~08：30划眼至1452m；08：30~09：00循环；09：00~09：30划眼至1453.5m井漏失返；09：30~10：30划眼至1459m；10：30~14：30起钻完；14：30~21：00准备堵漏填充物（红砖，橡胶条，黄泥团等），倒换大绳，保养顶驱，期间灌浆10m³；21：00~3日01：00下钻实探液面430m；01：00~02：00井内投入填充物；02：00~05：30下钻至465m遇阻，顶通灌浆15.4m³返出；05：30~08：00划眼，下钻推送填充物。

4 日 08：00~09：30 注水泥施工（08：00~08：15 起钻至 1260m，08：15~08：50 泵入密度 1.02g/cm³、浓度 1.2% 凝胶 15m³，08：50~08：56 倒阀门，管线试压 15MPa，08：56~09：00 注前置液 0.5m³，09：00~09：18 注水泥浆 16m³，密度 1.85g/cm³，排量 1.0g/cm³，泵压 2~3MPa，使用嘉华 G 级水级 22t，促凝剂 0.25t，09：18~09：24 泵车替清水 5.3m³）；09：30~12：30 起钻完，环空吊灌清水 2.6m³（起钻至 800m 时钻井泵顶替清水 1m³）；12：30~14：00 组扫塞钻具下钻至 250m；14：00~17：00 候凝；17：00~17：30 下钻至 541m，灌浆 14.5m³ 返出；17：30~20：00 候凝；20：00~22：30 下钻探水泥塞位置 1237m；20：30~5 日 08：00 钻水泥塞至 1433m。

4. 原因分析

1）漏失原因分析

根据漏失与堵漏情况分析，结合成像测井资料（图 7-13），N21CH27-3 井三开漏失为大裂缝漏失。成像测井资料表明，裂缝为导致钻井液漏失的原因，高角度、大张开度裂缝发育，局部呈竖直状，或交叉呈网状，沿裂缝有溶蚀特征。部分缝宽高达 20~30cm。

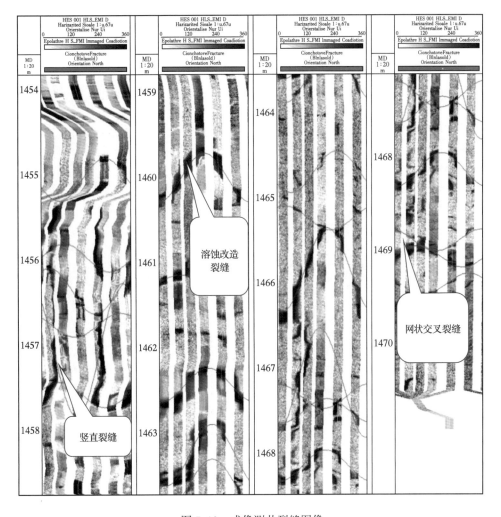

图 7-13　成像测井裂缝图像

产状统计表明，裂缝倾角以中、高角度为主（大于30°），少量低角度（小于30°）。倾向以北北东为主，走向北西—南东或北北东—南南西。

2）堵漏失败/成功原因

（1）凝胶+水泥堵漏失败原因：

①裂缝太宽，水泥浆未能有效滞留在裂缝入口，1259m以下井段水泥浆掏空，未形成水泥塞。

②裂缝端桥堵颗粒堆积形成强度不足，钻头接近漏层时，钻头水眼流体高速喷出，冲开漏层裂缝位置堆积物，通道打开后再次失返。

（2）填充物+水泥堵漏成功原因：

①先后5次投入填充物，投入干谷草团，青草、白棕绳团黄泥球，海带团，棉絮团，红砖块、短树枝等，下钻将填充物推入井底漏层压实。

②漏失缝宽高达20~30cm，大尺寸的填充物能够有效在裂缝中架桥，提高了水泥在裂缝端口的滞留能力，从而凝固形成一定承压能力。

5. 经验教训

本井为大裂缝恶性漏失，钻遇这种情况时需要根据漏失速率及时调整堵漏颗粒粒径，准确判断缝宽，采用大颗粒支撑架桥、小颗粒填充的方式治理。准确识别漏失类型是关键，成像测井起到了关键作用。

七、N20AH31-2 井

1. 基本情况

N20AH31-2井位于N20AH31平台，设计井深：5348m，目的层：龙马溪组。

1）井身结构

N20AH31-2井井身结构如图7-14所示。设计井身结构数据和实钻井身结构数据见表7-5和表7-6。

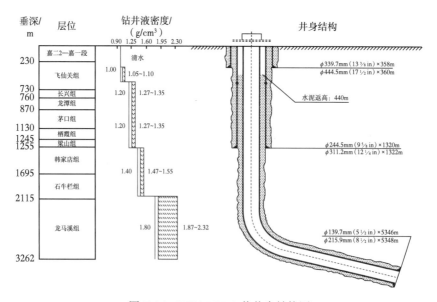

图 7-14　N20AH31-2 井井身结构图

表 7-5 N20AH31-2 井设计井身结构数据表

开钻次序	井深 /m	钻头尺寸 /mm	套管尺寸 /mm	套管下入层位	套管下入井段 /m	水泥封固段 /m
一开	360	444.5	339.7	飞仙关组	0~358	0~360
二开	1322	311.2	244.5	韩家店组顶	0~1320	0~1322
三开	5348	215.9	139.7	龙马溪组	0~5346	0~5348

表 7-6 N20AH31-2 井实钻井身结构

钻头尺寸 × 进尺	套管尺寸 × 下深
444.5mm×360m	339.7mm×358m
311.2mm×1322m	244.5mm×1320m
215.9mm×5348m	139.7mm×5346m

2）地层压力及钻井液密度

ϕ311.2mm 井眼采用聚合物钻井液钻进，ϕ215.9mm 井眼采用油基钻井液体系。韩家店—石牛栏组设计钻井液密度 1.47~1.55g/cm³，龙马溪组设计钻井液密度 1.87~2.32g/cm³（表 7-7）。

表 7-7 N20AH31-2 井地层压力与钻井液密度设计

层位	斜深井段 /m	垂深井段 /m	地层压力当量密度 /（g/cm³）	密度附加值 /（g/cm³）	钻井液密度 /（g/cm³）
井口—飞四—飞二段	0~360	0~360	1.0		清水
飞四—飞二段—飞二段底	360~590	360~590	1.0		1.05~1.10
飞二段底—韩家店组顶	590~1322	590~1275	1.2	0.07~0.15	1.27~1.35
韩家店—石牛栏组底	1322~2160	1275~2065	1.4	0.07~0.15	1.47~1.55
石牛栏—龙马溪组	2160~5348	2065~3262	1.8		1.87~2.32

2. 发生过程

层位：龙马溪组。

本井 2020 年 8 月 24 日钻塞至井深 2643m，钻压 12~14t，排量 31L/s，泵压 26~27MPa，发现漏失。

08：00~09：15 旋转导向钻进至井深 2643m，发现井漏，漏失 6m³。

09：15~09：30 停止送钻，倒划眼上提钻具至井深 2626m，平均漏速 72m³/h，漏失 18m³。

09：30~09：35 降排量，由 30L/s 降至 11L/s，井漏失返，漏失 10m³。

09：35~09：50 停泵，环空吊灌 1.60g/cm³ 钻井液 3m³，未返。

09：50~10：10 起钻至井深 2580m，环空吊灌 1.60g/cm³ 钻井液 5m³，未返。

10：10~11：35 环空间断吊灌 1.60g/cm³ 钻井液 9m³，未返。

2020 年 8 月 24 日至 9 月 12 日本井先后多次采用桥浆堵漏和水泥堵漏，8 月 31 日强钻至 2645m。

3. 处理过程

1）2643m 桥堵

2020 年 8 月 23 日地面配制密度 1.60g/cm³、黏度 65s、浓度 15% 的桥浆 16.6m³：0.4t ZR-31、0.9t WNDK-2、0.9t WNDPL（细）、0.5t WNDPL（中）。11：35~11：53 正注密度 1.60g/cm³、黏度 65s、浓度 15% 的桥浆 12.3m³，排量 11L/s，未返；11：53~12：09 顶替 1.55g/cm³ 钻井液 11.7m³，排量 11L/s，桥浆开始出水眼，未返。12：28~24 日 07：30 环空间断吊灌 1.60g/cm³ 钻井液 152.9m³，未返（其中 16：30 测得水眼静液面 211m，21：20、23：01、01：57、05：23 分别测得环空静液面 420m、359m、249m、278m）。

24 日 07：30~08：00 起钻至井深 2500m，吊灌 1.60g/cm³ 钻井液 1.8m³，未返。8：00~9：53，发现疑似溢流，关井，关井立压 0MPa，套压上升至 7.0MPa。地面配制密度 1.85g/cm³、浓度 37% 的桥浆 39m³：1.5t WNDK-1、1.5t WNDK-2、1.5t ZR-31、1.5t FDJ-1、1.5t LCM-3、2.1t WNDPL（粗）、1.5t WNDPL（中）。22：27~23：22 环空反注密度 1.85g/cm³、浓度 37% 的桥浆 30m³，密度 1.80g/cm³ 钻井液 20m³，密度 1.65g/cm³ 钻井液 47m³，排量 21~28L/s，经液气分离器循环排气，套压降为 0MPa。

2）2643m 水泥堵漏

2020 年 8 月 27 日，21：10~21：30 用一台 100-30 型水泥车正挤嘉华 G 级高抗油井缓凝水泥浆 22m³（嘉华 G 级水泥 30t），最低密度 1.90g/cm³，最高密度 1.90g/cm³，平均密度 1.90g/cm³，排量 24~25L/s，泵压 5~8MPa；21：30~21：33 钻井泵正挤密度 0.83g/cm³ 白油 1m³，排量 24~25L/s，泵压 5~8MPa；22：00~27 日 08：00 憋压候堵，立压由 2.3MPa 降至 1.9MPa，再升至 3.1MPa，套压由 2.9MPa 降至 2.7MPa，再升至 3.2MPa。19：26~19：29 环空吊灌密度 1.65g/cm³ 钻井液 1.5m³ 见返。

8 月 29 日 01：00~06：30 钻塞至井深 2636m，发生井漏，排量 31L/s，泵压 14MPa，漏速 8.4m³/h，漏失 1.4m³；06：30~07：10 钻塞至井深 2643m，钻塞完，排量 26L/s，泵压 10MPa，漏速 12m³/h，漏失 8m³；07：10~08：00 循环降密度未完，排量 11L/s，泵压 2MPa，漏速 6m³/h，漏失 5m³。钻至 2645m。

3）2645m 桥浆堵漏

10：50~11：35 配制密度 1.50g/cm³、黏度滴流、浓度 37% 的桥浆 20m³，配方为：10% ZR-31（1.6t）+6%LCM-2（1t）+3%WNDK-1（0.5t）+8%WNDK-2（1.1t）+4%WNPDL 细（0.6t）+3%WNPDL 中（0.5t）+3%WNPDL 粗（0.5t）；

11：52~12：09 正注密度 1.50g/cm³、黏度滴流、浓度 37% 的桥浆 15.6m³，排量 13L/s，泵压 3MPa，漏速 5m³/h，漏失 1.4m³；12：09~12：20 正替密度 1.52g/cm³ 钻井液 8.5m³，桥浆开始出水眼，排量 13L/s，泵压 3MPa，漏速 5m³/h，漏失 0.9m³；13：25~13：40 关井，反挤密度 1.52g/cm³ 钻井液 0.6m³，套压 1.4~4.8MPa；13：40~20：35 憋压候堵，套压由 4.8MPa 降至 2.6MPa。

4）2645m 水泥堵漏

2020 年 9 月 5 日 17：45~18：05 用一台 100-26 型水泥车正注嘉华 G 级缓凝纤维水泥浆 15m³（20t），最高密度 1.90g/cm³，最低密度 1.88g/cm³，平均密度 1.89g/cm³，立压 2~3MPa，排量 780~1000L/min；憋压候堵，套压由 4.5MPa 降至 3.6~3.9MPa，间断活动钻具正常。

5）经欠平衡节流管汇过液气分离器循环排气再次漏失

9 月 9 日 18：38~19：03 用一台 100-30 型水泥车正注嘉华 G 级缓凝纤维水泥浆 18m³（20t），最高密度 1.90g/cm³，最低密度 1.88g/cm³，平均密度 1.89g/cm³，立压 2~3MPa，排量 780~1000L/min；10 日 05：15~08：00 憋压候堵，套压由 6.0MPa 降至 5.6MPa。

4. 原因分析

1）漏失原因分析

本井三开215.9mm井眼在2643~2645m钻进中发生井漏，多次采取桥堵和水泥浆堵漏。本井在漏失中发生溢流，呈现出漏喷同存的现象，说明钻遇多套压力层系，油基钻井液失返性漏失，漏失后环空静液面为278m，钻井液密度1.60g/cm³，则漏失压差约为4.36MPa。对于含泥灰岩段地层，根据漏失方程，对于渗漏，则漏失量为1.2m³/h，而实际则失返。说明为裂缝性漏失，在该压差下发展为失返性漏失说明裂缝宽度较小，采用桥堵和水泥堵漏有一定效果。经过多次堵漏，最后桥浆堵漏和水泥堵漏都发挥了一定作用。

2）堵漏效果评价与原因

（1）地层条件：裂缝密集发育，且存在不同压力系数层位，出现漏喷同存的现象，不同层位的地层压力与漏失压力存在一致性。

（2）桥浆堵漏：本次桥堵发挥作用较大，对于失返性漏失起到了较好的缓解作用，说明粒径匹配较为合理，对微裂缝和漏失较宽裂缝都能起到一定的封堵作用，具有一定架桥能力。但从治理成效来看，桥堵后承压能力较低，仍需进一步优化材料粒径范围和施工工艺。

（3）水泥堵漏成功：经过桥堵后，架桥粒子在裂缝端面形成结构，有助于水泥在裂缝端面的滞留，从而提高水泥对裂缝的充填致密程度。

5. 经验教训

本井 211mm 井眼累计漏失 1.50g/cm³ 钻井液 90.4m³、1.51g/cm³ 钻井液 42.7m³、1.52g/cm³ 钻井液 97m³、1.54g/cm³ 钻井液 23.3m³、1.55g/cm³ 钻井液 27m³、1.60g/cm³ 钻井液 288.7m³、1.65g/cm³ 钻井液 270.9m³、1.80g/cm³ 钻井液 60m³、1.93g/cm³ 钻井液 3m³、1.50g/cm³ 桥浆 8.7m³、1.60g/cm³ 桥浆 12.3m³、1.85g/cm³ 桥浆 60m³、0.83g/cm³ 白油 25.2m³（20.9t）。累计漏失油基液体 1099m³。本井三开漏失为裂缝性漏失，存在多套压力层系，出现漏喷同存的现象，因此强化井壁封堵微裂隙是漏失防治的关键。

八、N21CH6-4 井

1. 基本情况

N21CH6-4 井位于 N21CH6 平台，设计井深：4298m，目的层：龙马溪组。

1）井身结构

N21CH6-4 井井身结构如图 7-15 所示。设计井身结构数据和实钻井身结构数据见

表 7-8 和表 7-9。

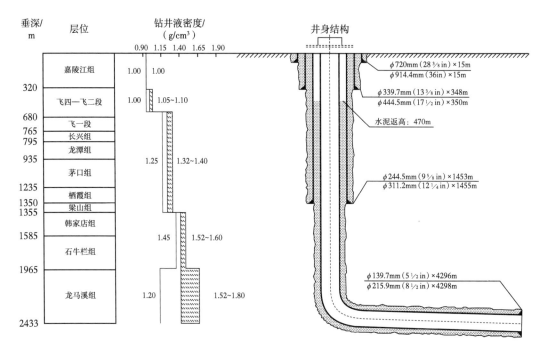

图 7-15 N21CH6-4 井井身结构图

表 7-8 N21CH6-4 井设计井身结构数据表

开钻次序	井深 / m	钻头尺寸 / mm	套管尺寸 / mm	套管下入层位	套管下入井段 / m	水泥封固段 / m
导管	15	914.4	720.0	嘉三 2 亚段	0~15	0~15
一开	350	444.5	339.7	飞四—飞二段	0~348	0~350
二开	1455	311.2	244.5	韩家店组顶	0~1453	0~1455
三开	4298	215.9	139.7	龙马溪组	0~4296	0~4298

表 7-9 N21CH6-4 井实钻井身结构

钻头 × 进尺	套管 × 下深
914.4mm×15m	720mm×15m
444.5mm×350m	339.7mm×348m
311.2mm×1455m	244.5mm×1453m
215.9mm×4298m	139.7mm×4296m

2）地层压力及钻井液密度

ϕ311.2mm 井段采用聚合物钻井液，ϕ215.9mm 井眼采用油基钻井液体系。韩家店—石牛栏组：设计钻井液密度 1.52~1.60g/cm³。龙马溪组：设计钻井液密度 1.52~1.80g/cm³

（表 7-10）。

表 7-10　N21CH6-4 井地层压力与钻井液密度设计

层位	斜深井段 / m	垂深井段 / m	地层压力当量密度 / （g/cm³）	密度附加值 / （g/cm³）	钻井液密度 / （g/cm³）
嘉三 2 亚段—飞四—飞二段顶	0~350	0~350	1.00		清水
飞四—飞二段	350~622	350~620	1.00		1.05~1.10
飞四—飞二段底—韩家店组顶	622~1455	620~1355	1.25	0.07~0.15	1.32~1.40
韩家店—石牛栏组	1455~2095	1355~1915	1.45	0.07~0.15	1.52~1.60
石牛栏—龙马溪组	2095~4298	1915~2433	1.20		1.52~1.80

2. 发生过程

层位：龙马溪组，井眼 215.9mm，油基钻井液。

本井 2020 年 2 月 26 日钻进至 3978m，由于地层上倾，分析进五峰组，钻进至 4030.88~4116.5m 井段发生井漏，期间进行堵漏五次，采取 8% 浓度随钻堵漏剂和降密度的方式，密度从 1.9g/cm³ 逐步降至 1.75g/cm³ 后恢复正常钻进。

3. 处理过程

1）桥浆堵漏

钻进至井深 4030m 发现漏失，降泵冲测漏速，漏速 55m³/h，打 8% 堵漏浆堵漏（0.5t 超细碳酸钙 +0.75t 一袋式堵漏剂 +0.75t Carb1400+0.5t Carb250+0.25t 核桃壳），降密度至 1.85g/cm³ 后循环观察，降密度消耗乳液 12m³，提至钻进排量无漏失恢复正常钻进。

2）随钻堵漏

钻进至井深 4036m 发生渗漏，漏速 0.5m³/h，加随钻堵漏剂后不漏。

钻进至井深 4108.84m 发现漏失，降排量至 24L/s，泵压 26MPa，测漏速为 3m³/h，无法继续钻进，且井下有仪器，决定配 8% 随钻堵漏浆堵漏（0.75t 一袋式堵漏剂 +0.25t 封堵剂 +0.25t QS-2+0.5t Carb250+0.25t 细核桃壳 +0.25t Carb1400），降密度至 1.83g/cm³ 后循环观察，降密度消耗乳液 5m³，提至钻进排量无漏失恢复正常钻进。

3）桥浆堵漏

钻进至井深 4112.67m，发生井漏，漏速 13m³/h，配 8% 堵漏浆堵漏（0.75t 一袋式堵漏剂 +0.25t QS-2+0.5t Carb250+0.25t 细核桃壳 +0.25t Carb1400），循环提至钻进排量无漏失恢复正常钻进。

钻进至井深 4116.50m 发生漏失，漏速 8m³/h，配 8% 浓度堵漏浆（0.75t 一袋式堵漏剂 +0.25t QS-2+0.5t Carb250+0.25t 细核桃壳 +0.25t Carb1400），降密度至 1.75g/cm³ 后循环观察，降密度消耗乳液 13m³，提至钻进排量无漏失恢复正常钻进。

4. 原因分析

1）漏失原因分析

本井从 4030.88m 至 4116.5m 井段发生 5 次井漏，期间进行堵漏 5 次，包括 3 次桥堵、2 次随钻堵漏和配合降低密度措施，从历次漏失量来看均不大，采取随钻和桥堵均能解决实际问题。

2）堵漏效果分析

（1）**桥接堵漏**：从漏失情况判断为裂缝性漏失，且缝宽不会很宽，可能为微米级的缝，大粒径或黏稠的堵漏浆难以有效进入裂缝架桥。本井 5 次漏失均采用一次处理措施完成治理，说明桥堵材料与工艺选取合理。另外桥堵配合降密度措施，进一步提高了漏失防治的效果，对于本区漏失防治具有借鉴意义。

（2）**随钻堵漏**：针对小渗漏（0.5m³/h）采取随钻堵漏并配套降密度措施，成功治理，堵漏剂配方：0.25t 封堵剂 +0.25t QS-2 0.5t+ Carb250+0.25t 细核桃壳 +0.25t Carb1400，材料粒级范围合适。

本井漏失与堵漏中，均无法对漏失层位进行准确识别与定位，增加了堵漏施工的难度与不确定性。

5. 经验教训

采取堵漏材料、配方体系、随钻堵漏防漏、提高地层承压堵漏和优化钻井液密度综合措施提高防漏堵漏效果，针对不同漏失情况采取不同的针对性措施。